Michael Dienst

Tragflügel mit periodisch wechselnder Strömungsbeaufschlagung

Anmerkungen zum Katzmayr-Effekt

GRIN Verlag

Bibliografische Information der Deutschen Nationalbibliothek:

Die Deutsche Bibliothek verzeichnet diese Publikation in der Deutschen National-
bibliografie; detaillierte bibliografische Daten sind im Internet über http://dnb.d-
nb.de/ abrufbar.

Impressum:

Copyright © 2013 GRIN Verlag GmbH
Druck und Bindung: Books on Demand GmbH, Norderstedt Germany
ISBN: 978-3-656-44284-4

Dieses Buch bei GRIN:

http://www.grin.com/de/e-book/215511/tragfluegel-mit-periodisch-wechselnder-
stroemungsbeaufschlagung

Tragflügel mit periodisch wechselnder Strömungsbeaufschlagung
Anmerkungen zum "Katzmayr-Effekt"

Beuth Hochschule für Technik Berlin
FB Maschinenbau, Verfahrenstechnik
Bionic Research Unit

Im Zusammenhang mit nicht stationären Strömungsszenarien wird häufig der in den 20er Jahren des vergangenen Jahrhunderts postulierte "Katzmayr-Effekt" zitiert, der für eine in der Richtung periodisch wechselnde Strömungsbeaufschlagung das Auftauchen "negativer Widerstände" verspricht.

Rezente Forschung. Im Rahmen analytischer Untersuchungen im Forschungsprojekt "adaptivFOIL" (intern: i-mech41, Laufzeit: 042012-102013) der Beuth Hochschule für Technik Berlin werden Modellrechnungen und Simulationen zu Entwürfen für Tragflügelgeometrien einer Wellsturbine durchgeführt. Eine Besonderheit der Repeller einer Wellsturbine ist die im Betrieb periodisch die Richtung wechselnde Strömungsbeaufschlagung. Es interessiert hier zunächst die Frage, in welchem Drehzahlbereich das Repellerlaufzeug betrieben werden muss, damit der Tragflügelflügel in einem ablösesicheren Bereich arbeitet. Dabei ist die Strömung in der Nähe des äußeren Radius des Repellertragflügels von Relevanz. Das Tragflächenprofil erfährt hier eine von der Winkelgeschwindigkeit des Laufzeugs und dem Strömungsangebot des atmenden Raumes abhängige Beaufschlagung. Eine Kontinuitätsbetrachtung[1] liefert die Geschwindigkeit des aus der Kammer verdrängten Gases im Turbinenquerschnitt. Hier wird zunächst ein ringförmiger Durchtrittsquerschnitt, dessen Fläche sich um die Fläche der Turbinenbeschaufelung reduziert, angesetzt. Vorteilhafte Bedingungen für einen Schub (Auftrieb) generierenden Repellerflügel mit vollsymmetrischen Tragflügelprofilen werden in

---

[1] Kontinuität: $w \, [\mathrm{m \cdot s^{-1}}] \cdot \rho \; [\mathrm{kg \cdot m^{-3}}] \cdot A \, [\mathrm{m^2}] = \text{const.}$

einem Anstellwinkelbereich von $(-10°<\alpha_{ERF}<+10°)$ erreicht. Dies führt auf die erforderliche Drehzahl der Turbine. Die Winkelgeschwindigkeit des Laufzeugs und die Umfangs-geschwindigkeit ist ihrerseits eine Schreibweise der Tangential-geschwindigkeit an einem signifikanten Radienort des Tragflügels. Die zu untersuchenden Gasgeschwindigkeiten des Gases sollen bei unseren Betrachtungen nicht kleiner sein als $v_{min}=1.0$ [m·s^{-1}]. Die Tiefe des Repellerblattprofils variiert im Bereich von {0.01 < t[m] < 0.02} und repräsentiert die signifikante Länge L in der Reynolds-Zahl[2]. Die minimalen und die maximalen errechneten Reynoldszahlen determinieren einen Untersuchungsbereich relevanter Geschwindigkeiten von $\{5{\cdot}10^{2}<Re<10^{5}\}$ für die betrachteten Repellertragflügelprofile.

Das Vorhaben i-mech41 ist eines vom mehreren rezenten Bionik-Projekten der Bionic Research Unit der Beuth Hochschule für Technik Berlin. Der von Katzmayr postulierte Effekt besitzt einen biologistischen Hintergrund, betrifft periodisch wechselnde Strömungsbeaufschlagung und verspricht sogar das Auftauchen "negativer Widerstande"! Dies legt eine kritische Hinterfragung des benannten Strömungsphänomens nahe.

Intro. Am Anfang stehen die Beobachtungen landsegelnder Vögel. In den frühen Jahren des 20ten Jahrhunderts erarbeitet der Wiener Wissenschaftler und Flugzeugkonstrukteur Knoller[3] eine theoretische Erklärung für den "negativen Widerstand von Flugzeugtragflächen". Knoller weist darauf hin, später auch Betz[4] in Göttingen, dass man sich den scheinbar mühelosen Segelflug der Vögel ohne Aufwind durch eine permanent wechselnde Anströmrichtung der beaufschlagenden Luft am Flügel erklären könne [W-1][Bet-12][Knol-09][Knol-13]. Die theoretischen Arbeiten zum "negativen Widerstand" liegen schon ein paar Jahre zurück, als Knoller 1913 in Wien einen Windkanal mit atmosphärischem Normaldruck in Betrieb nimmt, der im Gegensatz zu den waagerecht angeordneten Windkanälen in Göttingen und jenem

---

[2]Reynolds-Zahl $Re = v \cdot L\,/\,\nu$ [m·s^{-1}/m^2·s^{-1}], [-]

[3] **Richard Knoller** (* 25. April 1869 in Wien; † 4. März 1926 ebenda) war ein österreichischer Flugtechniker. 1895 als Assistent bei Johann von Radinger, 1909 als außerordentlicher Professor am Lehrstuhl für Luftschifffahrt und Automobilwesen an der TU Wien. Mit Hilfe von Arthur Krupp aus Berndorf begann er 1909 einen Windkanal zu bauen.

[4] **Albert Betz** (* 25. Dezember 1885 in Schweinfurt; † 16. April 1968 in Göttingen), deutscher Physiker und Pionier der Windenergietechnik, arbeitete ab 1911 als Strömungsforscher in der Aerodynamischen Versuchsanstalt Göttingen; ab 1926 Professor in Göttingen, 1936 bis 1956 als Nachfolger von Ludwig Prandtl; Leiter der Versuchsanstalt.

der Forschungsanstalt Prof. Junkers[5] in Dessau von senkrechter Bauart ist. Experimentell nachgewiesen wird der Effekt des "negativen Widerstands", der vor allem für das Flugwesen, insbesondere das Segelfliegen bedeutsam erscheint, durch den Nachfolger Knollers am Lehrstuhl für Luftschifffahrt und Automobilwesen an der TU Wien, dem Flugtechniker Richard Katzmayr[6].

Knoller. Ein aeromechanisch wirksamer Tragflügel sei in Bewegung. In einem körperfesten Koordinatensystem, der lagrange'schen Sichtweise, stellt sich der stationäre Betrieb des Fugsystems als ein (horizontal, vertikal und axialer) Zustand dar, in dem weder Roll-, Gier- oder Kippbewegungen auftauchen und Gravitation, Auftrieb, Widerstand und antreibende Kraft gerade ein Gleichgewicht bilden. Nun soll, ohne dass zunächst nach den Ursachen gefragt wird, die Anströmrichtung um einen kleinen Betrag variieren. In einem raumfesten Koordinatensystem, der euler'schen Sichtweise, erhält das bislang im Gleichgewicht befindliche Kräftesystem eine in Richtung der Vorwärtsbewegung liegende (axiale) Komponente, die <u>1.</u> entlang der Wirklinie der Widerstandskomponente auftritt, <u>2.</u> als Schub verstanden werden kann und damit <u>3.</u> das Gesamtflugsystem vorantreibt. Betrachten wir zunächst die den Effekt validierenden Untersuchungen am ab 1913 in Wien zur Verfügung stehenden Windkanal.

Katzmayr. Für die Experimente, die der Mitarbeiter Knollers und spätere Nachfolger am Lehrstuhl für Luftschifffahrt und Automobilwesen an der TU Wien, Richard Katzmayr durchführte, wird der Windkanal aufwändig umgerüstet. Bewegliche Ableitbleche in der Art einer Jalousie sorgen nun dafür, dass die aus dem Windtunnel austretende Strömung "abgelenkt" dem Messbereich, in dem sich ein Tragflügelsegment befand, zugeführt werden kann. Der Tragflügel lieferte tatsächlich den vorausgesagten Vortrieb und damit die Bestätigung der theoretischen Voraussagen von Knoller und Betz. Katzmayr veröffentlicht seine Messergebnisse [Katz-22]. Er schreibt in einem

---

[5] **Hugo Junkers** (* 3. Februar 1859 in Rheydt; † 3. Februar 1935 in Gauting), deutscher Ingenieur und Unternehmer, gründete 1895 in Dessau die Firma Junkers & Co und war bis 1932 Eigentümer der Junkers Motorenbau GmbH und Junkers Flugzeugwerk AG. 1915 Gründung der *Forschungsanstalt Prof. Junkers* in Dessau. Als Forscher und Ingenieur grundlegende Erkenntnisse im Flugzeugbau.

[6] **Richard Katzmayr**, (* 3. November 1884 in Wien; † 12. April 1945 in Wien (Selbstmord)), österreichischer Flugtechniker. Assistent von Professor Knoller, später Nachfolger im Amt und Professor am Lehrstuhl für Luftschifffahrt und Automobilwesen an der TU Wien.

Fortschrittsbericht des National Advisory Committee for Aeronautics (NACA), Massachusetts Institute of Technology:

"Both from theoretical considerations and the observation of bird flight, we have learned that soaring flight is possible only when an airfoil can draw energy from the surrounding air; also, that this can be best accomplished in gusty weather. The correctness of the _above statement was, moreover, verified by the Rhone soaring flights of man- carrying, engineless airplanes in the autumn of 1921. Only qualitative tests had hitherto been made on the effect of periodic changes of the angle of attack of resisting bodies. These experiments also confirm the claim to a considerable reduction in the drag with only a slight influence on the lift". (und weiter unten..)

"The experiments were performed with the Göttingen wing section G185. Its dimensions were 720 x 12O mm. It was subjected to three wind pressures p = 5, 10 and 20 mm of water and also to three different oscillation speeds of the model (20, 30, and 50 complete oscillations per minute) at different oscillation angles β. The latter were set at +/-9°, +/-12° and +/-15°, while the mean angle of attack α was given the values -6°, -3°, 0°, 3° and 6°."
(und weiter unten..)
"The results ..] [.. show, in both cases, change for the worse in the aerodynamic constants of the airfoil, in comparison with those for a motionless model in a uniformly flowing air stream. The change for the worse is greater for a larger number of oscillations per minute. In both cases, there is a marked increase in the drag, while the lift is only slightly diminished. The airfoil G413 was also tried under like conditions, the number of oscillations per minute being: 30 and 37.5". (und weiter unten..)
"The experiments are still far from being finished. At first no stability investigations were undertaken and the experimental methods are yet to be improved. It is however already established that the effect of flowing air, whose direction is undergoing constant periodical changes, is extraordinarily favorable on airfoils. The results show further that wing sections which exhibit favorable characteristics in a constant air flow, work still better in an oscillating current, and also that wing sections with high resistances are better in practice. Periodic oscillations, or parallel motions of the wings in uniformly flowing or even in an oscillating

air stream, always considerably impair the aerodynamic properties".
Translated by National Advisory Committee for Aeronautics (Anmerkung des Autors).

In der Diskussion um Micro-Air-Vehicles[7] und den derzeit intensiven Forschungsbemühungen hinsichtlich einer Übertragung des biologischen Schlagflügelflugs auf Technik wird der Katzmayr-Effekt gerne als ein Basiskonzept benannt. Es hat darüber hinaus im Flugwesen offenbar eine gewisse Tradition, die lagrange'sche und die raumfeste euler'sche Betrachtungsweise gegeneinander auszutauschen mit dem Argument, dass es für die aerodynamische Wirkung gleichgültig sei, ob ein ruhender Flügel von einer "gewellten" Strömung angeströmt oder ob in einer "geraden Strömung" ein Flügel auf- und abgeschlagen wird. In beiden Fällen entstehe Vortrieb. Man könne daher auch einen Schlagflügel als Vortriebseinrichtung ansehen [Schm-65]. In einer Laudatio zu Ehren des 80. ten Geburtstags des Herrn Professor Dr. phil., Dr.-Ing. E. h., Dr. sc. techn. h. c. A. Betz schreibt W. Schmidt[8]:

"Es ist bekannt, daß man mit einem parallel auf- und abbewegten Flügel einen großen Vortrieb mit möglichst 100 % Wirkungsgrad dann erzeugen kann, wenn man eine große Fläche langsam auf und abbewegt. Das ist konstruktiv sehr schwierig. Viel leichter ist es schon, einen Flügel um eine Achse parallel zur Vorderkante auf- und abzuschwenken. Noch einfacher werden die Verhältnisse, wenn man nur eine ruderartige Fläche an der hinteren Flügelkante anbringt und diese auf- und abbewegt. Das hat den großen Vorteil, daß man dieses Schlagruder wegen seiner verhältnismäßig kleinen Abmessungen sehr schnell bewegen kann, wodurch ein großer Vortrieb erzeugt wird. Die ersten theoretischen Untersuchungen an Schlagflügelpropellern wurden 1924 in Göttingen durch W. Birnbaum[9] durchgeführt und 1936

---

[7] Ein Micro Air Vehicle bzw. Micro Aerial Vehicle (MAV) ist eine Drohne, ein kleines Luftfahrzeug in der unbemannten Luftfahrt. Anwendungsbereiche für MAVs sind vor allem die nachrichtendienstliche und militärische Aufklärung. Die MAVs verfügen in der Regel über eine Videokamera und sind auf Grund ihrer geringen Größe schwer zu entdecken. In Zukunft ist sogar die Entwicklung von MAVs in Insektengröße zu erwarten. Siehe auch: http://de.wikipedia.org/wiki/Micro_Air_Vehicle.

[8] Schmidt, Wilhelm, Institut für Angewandte Mathematik und Mechanik der Deutschen Akademie der Wissenschaften zu Berlin.

durch amerikanische Arbeiten von J. E. Garrick[10] wesentlich erweitert" [Schm-65].

NACA und MIT. In der englischsprachigen Welt und beispielsweise am Massachusetts Institute of Technology (MIT) und dem National Advisory Committee for Aeronautics (NACA) wurde die Forschung an den Hochschulen und Laboratorien in Europa in den frühen Jahren des 20ten Jahrhunderts mit größter Aufmerksamkeit verfolgt. Eigene Experimente und theoretische Untersuchungen zum Katzmayr-Effekt wurden durchgeführt. In einer unmittelbar auf die Veröffentlichung Katzmayr's angestoßenen Studie wurden Evaluationsuntersuchungen für theoretisch ideale Strömung durchgeführt [Ober-25]. Shatswall Ober[11] vom National Advisory Committee for Aeronautics kommt zu dem (vorsichtigen) Schluss, dass eine gewisse Unsicherheit im Wiener Messaufbau nicht auszuschließen sei, das von Katzmayr deklarierte Phänomen aber nicht gänzlich ausgeschlossen werden kann, insbesondere wenn dynamische Effekte in die Betrachtung eingeschlossen werden. Ober schreibt:

"That report confirms Katzmayr's results, yet contains no explanation or reason why an oscillating wind should recduce the airfoil drag. The purpose of this note is to offer a simple explanation of the cause of the Katzmayr effect." (*und weiter unten..)*
"By the mathematical analysis it apears that the reduction in drag coefficient should vary as the square of the amplitude of oscillation. A small natural oscillation of direction of the wind stream would have exactly the same effect as an artificial produced oscillation. It is certainly not inconceivable that there may be an oscillation in wind direction of 1/2° at some wind speed in almost any type of tunnel."

---

[9] W. Birnbaum: Das ebene Problem des schlagenden Flügels. Zeitschrift für angewandte Mathematik und Mechanik 4 (1924), 5. S. 277-292.
W. Birnbaum: Der Schlagflügelpropeller und die kleinen Schwingungen elastisch befestigter Tragflügel. Zeitschrift für Flugtechnik und Motorluftschiffahrt 15 (1924), S. 128-134.

[10] J. E. *Garrick:* Propulsion of a flapping and oscillating airfoil. NACA Rep. 567 (1936).

[11] National Advisory Committee for Aeronautics, Massachusetts Institute of Technology, Technical notes No. 214 (1925)

Berechnungen und Simulationen

Die Untersuchungen des Massachusetts Institute of Technology fanden 1925 statt, Katzmayr's Messungen wurden im Jahre 1922 veröffentlicht. Das in der Untersuchung des MIT zugrunde gelegte Tragflügelprofil SC100 ist nicht in rezente Datenbasen übernommen worden. Ggf. existiert es unter einer anderen Deklaration (vergleiche hierzu SIKORSKY SC1012[12]). Nach damaligem Stand der Wissenschaft und Technik ist die Untersuchung aber sehr gut dokumentiert, so dass aus den vorliegenden Dokumenten ein Datensatz für das Tragflügelprofil SC100 rekonstruiert werden konnte. Für das Tragflächenprofil GOE 413 der Messungen am Lehrstuhl für Luftschifffahrt und Automobilwesen an der TU Wien existiert ein vollständiger Datensatz der Profilkennlinie (vergleiche: UIUC Airfoil Coordinates Database[13]), den wir nachfolgenden potentialtheoretischen Untersuchungen zu Grunde legen [W-2]. In der Argumentation werden folgende Größen verwendet:

Geschwindigkeit in [m/s],	v, w	[ms^{-1}]
Profiltiefe	t	[m]
Profildicke	d/t	[%]
Profilwölbung	f/t	[%]
Wölbungsrücklage	xf/t	[%]
Varianter Anstellwinkel	α	[°]
Auftriebsbeiwert:	Ca	[-]
Widerstandsbeiwert:	Cw	[-]
Momentenbeiwert:	Cm 0.25	[-]
Druckkoeffizient:	Cp*	[-]
Krit. Machzahl:	Mkrit	[-]
Zeitdiskretisierung	b t	[s]

Die rezente Forschung der Bionic Research Unit der Beuth Hochschule für Technik betrifft neben der Entwicklung von Repellern für Wellsturbinen die Untersuchung periodisch ausgelenkte Tragflächenprofile auf das Auftriebs- und

---

[12] The Airfoil Investigation Database, SIKORSKY SC1012,   http://www.worldofkrauss.com/foils/578

[13] UIUC Airfoil Coordinates Database, http://www.ae.illinois.edu/m-selig/ads/coord_database.html

Widerstandsgebaren von Leit- und Steuerflächen von Seefahrzeugen in den hierfür relevanten Geschwindigkeitsbereichen in Fahrt und für typische Hafenmanöver[14]. Aus diesem Grund wurden einige Betrachtungen zum Katzmayr-Effekt auch zu einem für in Wasser betriebene Tragflügel typischen Reynoldszahlenbereich durchgeführt. Dies stellt eine Ergänzung hinsichtlich untersuchter Reynoldsrandbedingungen, insbesondere der Stoffwerte des Mediums Wasser dar.

Für die Berechnungen steht ein leistungsfähiges, auf der Potentialtheorie basierendes und mit einem Reibungsansatz erweitertes CFD-Programmsystem der Firma MH Aerotools[15] zur Verfügung, das auch graphische Darstellungen der Umströmung der untersuchten Tragflächenprofile generiert. [W-3][W-4].

Das der Analyse zu Grunde liegende (Flugzeug-) Tragflügelprofil GOE 413 ist ein bauchiges, asymmetrisches, so genanntes S-Schlag- Profil. Aus den Analysedaten der Tabelle 2, den Auftriebs- und Widerstandsbeiwerten Ca, Cw, den Momentenbeiwerten Cm 0.25, Druckkoeffizienten Cp* und der kritischen Machzahl Mkrit als Funktion des Varianten Anstellwinkels α. ist zu entnehmen, dass das Tragflügelprofil GOE 413 über den gesamten untersuchten Bereich {-10°<α<10°} Auftrieb leistet.

Die Graphik zeigt das Strömungsfeld (Druck) für das Profil GOE 413 in einer Strömung mit α=20° Anstellwinkel. Verfahrensbedingt lassen sich mit einem auf der Potentialtheorie basierendem Simulationsprogranmm keine Betrachtungen des transienten Auftriebs- und Widerstandsgebarens von Tragflügelsektoren

---

[15] MH Aerotools: Dr. Martin Hepperle, Braunschweig, Germany was Assistant at Prof. Dr. R. Eppler's Institute A of Mechanics at the University of Stuttgart, later Scientific staff member at the Institute of Aerodynamics and Fluid Technology at the DLR in Braunschweig. *JavaFoil* is a new implementation of the previous *CalcFoil* program, written for web pages using the "C" language.

anstellen. Eine zeitliche Aufeinanderfolge stationärer Betriebszustände trägt aber zu dem Verständnis der Argumentation Katzmayr's bei. Die Diagrame der Auftriebs- und Widerstandskoeffizienten zeigen einen aus stationären Berechnungen generierten und zusammengefügten Satz von Polaren als quasiperiodischen Zyklus der Anstellwinkel $\alpha[°]$ in einer zeitdiskretisierten Darstellung (Alpha-Kurve) und verschaffen dadurch einen Einblick in den (theoretischen) Verlauf der Auftriebs- und Widerstandsbeiwerte des betrachteten Profils. Im Bereich des unteren Totpunktes der Alpha-Kurve sind die Werte der Auftriebs- und Widerstandsbeiwerte klein aber positiv, der Verlauf ist im Amplitudental unstet aber innerhalb der Erwartungsbreite. Erwartungsgemäß nehmen die Werte für den Widerstandsbeiwert nirgendwo negative Zahlen an, wie eine beliebige Stichprobe der Tabellenwerte im Anhang bestätigt.

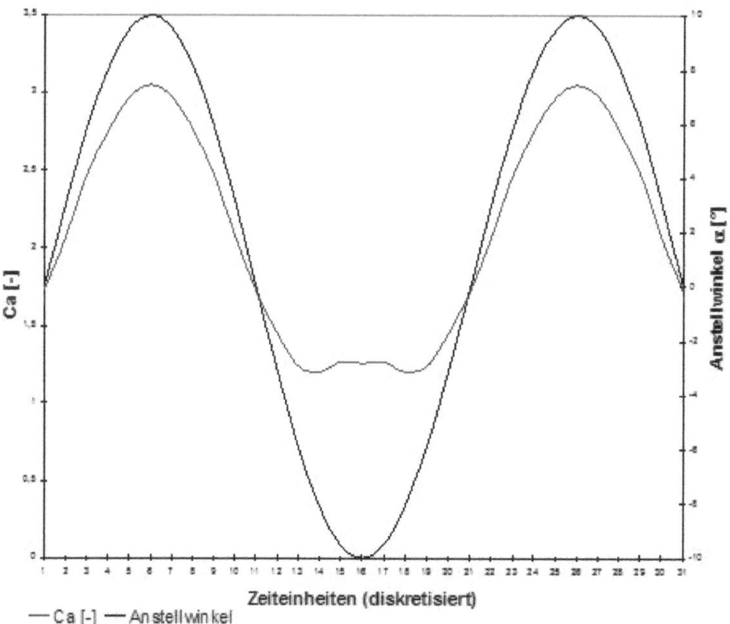

Der Katzmayr-Effekt ist (wahrscheinlich) ein Phänomen nichtstationärer Strömungsdynamik und deshalb nicht mit Instrumenten stationärer, (oder quasidynamischer) Fluidmechanik zu untersuchen. Diese Einschätzung inhäriert die Argumentation der Evaluationskampagne des National Advisory Committee for Aeronautics (NACA) am Massachusetts Institute of Technology aus dem Jahre 1925. Des weiteren sollte die, vom MIT nicht explizit gestellte Frage der Invarianz, gegebenenfalls Neutralität (der Katzmayr- Effekt solle, falls es ihn gibt, für beliebige Strömungsprofile gelten) des strömungsdynamischen Effekts mit rezenten Methoden überprüft werden. Die Auswahl des Tragflächen-profils SC100 der Forscher des National Advisory Committee for Aeronautics zeigen in diese Richtung. An diesen Punkt setzt eine zweite Simulationskampagne an. Das Programmsystem der Firrma MH-Aerotools bietet die Möglichkeit Bilddateien von Strömungsprofilen zu digitalisieren. Diese Eigenschaft wurde für die Untersuchung des Tragflügelprofils SC100 genutzt. Eine für alle potentialtheoretische Verfahren typische Eigenschaft ist, dass Ungenauigkeiten in den Rand- und Anfangsbedingungen, etwa der Geometrie der Profilkontur, zu erheblichen Schwankungen in den Berechnungsergebnissen führen. Die Kurve der Widerstandsbeiwerte im Diagramm zeigen diese Schwankungen insbesondere für sehr kleine Beträge (es wurde auf glättende Interpolationen verzichtet).

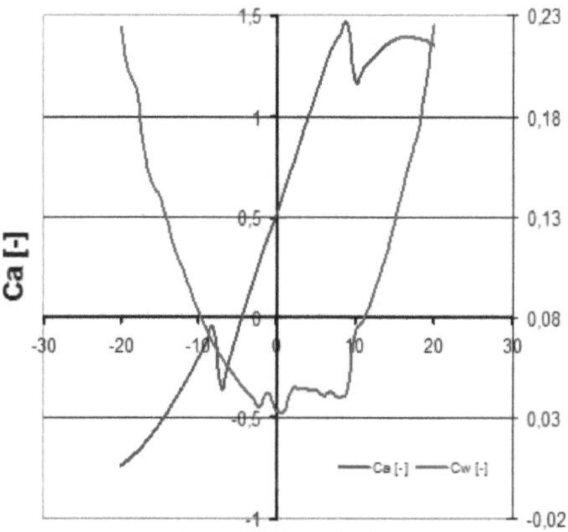

Die Schwankung des Auftriebsbeiwertes über den Anstellwinkel hingegen grenzt den Bereich ablösungsarmen Betriebs des Profils realistisch ein. Aus den Protokollen des MIT geht ein Profil mit einem etwas breiteren Bereich hervor. Die den Charakter des Profils kennzeichnenden Parameter, die Steigung der Ca-Werte-Linie und der Schnittpunkt der Auftriebskurve mit Zentralachse der Winkelvariation, werden aber zutreffend wiedergegeben. Der Bewertung und Interpretation der Widerstandskurven Obers aus dem Jahre 1925 ist auch aus heutiger Sicht nichts hinzuzufügen. Der Widerstand des Tragflächenprofils bleibt auch in diesem Fall eine Größe mit positivem Vorzeichen. Allerdings sprechen wir hier über Widerstandsbeiwerte in der Größenordnung von $\{+0{,}03 < C_w < 0{,}1\}$ in einen Bereich von Anstellwinkelgraden $\{-10° < \alpha < +10°\}$. Damit zeigt das Profil - und in einem übertragenen Sinne der Effekt - Eigenheiten typischer im Laminarbereich betriebener Profile, welche beispielsweise für Tragflächen, die im Medium Wasser arbeiten mit dem Begriff der "Laminardelle" beschrieben werden. In diesem Zustandsbereich, der für die meisten Laminarprofile im Anstellwinkelbereich $\{-5° < \alpha < +5°\}$ existiert, werden durchaus erhebliche Margen an Liftleistung (dem Produkt aus Auftrieb (Querkraft) und der Anströmgeschwindigkeit) bei sehr geringen Widerständen erzielt. Eine Variation des Anstellwinkels über die Zeit könnte sich lohnen. Siehe hierzu auch die Polarendiagramme im Anhang dieses Aufsatzes. Zu überprüfen wäre in einer Folgeuntersuchung darüber hinaus, ob eine Variation der Anstellwinkel $\Delta\alpha$ um eine "nicht-neutrale" Position, also um einen Anstellwinkel $+\alpha_0$ im Bereich von $\{-10° < \alpha_0 < +10°\}$ herum eine Alternative zu einem mit konstantem Anstellwinkel $(\Delta\alpha=0)$ gefahrenes Manöver darstellt. Zusammenfassend ist zu sagen, dass auch mit dem Profil SC100, das den Untersuchungen am MIT zu Grunde lag keine expliziten "negativen Widerstände" aus der Simulation hervorgehen. Die Aussagen beziehen sich auf eine stationäre Betrachtung.

Kommen wir in diesem Zusammenhang noch einmal auf die veröffentlichtem Messungen Katzmayrs zurück. Aus der ins englische übersetzte Beschreibung des Messaufbaus geht nicht hervor, wie die (negative) Widerstandskraft als solche (im wahrsten Sinne des Wortes) "ermittelt" wurde. Es handelt sich offenbar um eine Serie von kumulierten Integral- und Mittelwert-Größen; dies wäre zu recherchieren. In zukünftigen Untersuchungen zum Thema sollte zu diesem Zweck die Energie

(die Arbeit) bestimmt werden, die ein periodisch richtungs-wechselbeströmtes Tragflächenprofil umzusetzen in der Lage ist und ob eine Variation der Anstellwinkel um eine "nicht-neutrale" Position vorteilhaft ist. Eine Zeit diskretisierende Größe wäre dann in diesem Fall "die Leistung einer (Arbeits- oder) Krafttragfläche" mit periodischer Strömungsbeaufschlagung. Eine Leistungstrag-fläche stellte auch einen Bezug zum möglichen Anwendungs-gebiet her, erfordert allerdings die geometrische Formulierung eines dreidimensionalen Flügels unter Einbeziehung des Form-, Reibungs- und vornehmlich des induzierten Widerstands.

Auftrieb, Querkraft, Lift	L	[N]	L	=	$c_a \cdot A \cdot v^2 \cdot \rho/2$
Formwiderstand	W_F	[N]	W_F	=	$c_w \cdot A \cdot v^2 \cdot \rho/2$
Reibungswiderstand	W_R	[N]	W_R	=	$c_r \cdot A \cdot v^2 \cdot \rho/2$
induzierter Widerstand	W_I	[N]	W_I	=	$c_I \cdot A \cdot v^2 \cdot \rho/2$
Liftleistung	P_L	[W]	P_L	=	$L \cdot v$
Widerstandsleistung	P_{WI}	[W]	P_{WI}	=	$(W_F + W_R + W_I) \cdot v$

Eine potentialtheoretische Untersuchung leistet nur den ersten Hub einer wissenschaftlichen Betrachtung strömungs-mechanischer Phänomene. Es sollte mit unseren Betrachtungen ausgeschlossen werden, dass der rezenten Forschung gerade kein so populärer Effekt, kein produktives Paradox, entgeht. Vor diesem Hintergrund wäre eine intensiver Erörterung der Randbedingungen und der Einsatz diffizilerer Methoden, etwa leistungsstarker CFD- Simulationssysteme wünschenswert.

Im vorliegenden Aufsatz wurde darauf verzichtet, den Katzmayr-Effekt im Licht der nichtstationären Zustandsänderungen an einem Flugsystem zu erklären. Es sei an dieser Stelle aber darauf hingewiesen, dass ein Geschwindigkeitsgradient, (auch und gerade in Nähe der Richtung der Hauptströmung) eine gegebe-nenfalls plötzliche Änderung der Strömungsgeschwindigkeit, eine Böe, vom Tragflügel, vom gesamten Flugsystem (und vom Piloten, der in einem lagrange'schen Koordinatensystem unterwegs ist) als eine **Richtungsänderung der Strömung** wahrgenommen wird. Dies lässt sich einleuchtend am besten in einem euler'schen Koordinatensystem darstellen. Je nach Intensität der Änderung der Strömungsgeschwindigkeit kann der relevante Reynolds-zahlenbereich um eine Dekade variieren, was zu spürbaren Erträgen an Auftrieb führt. Es sind durchaus Szenarien vorstellbar, in denen eine Böe zuerst den (Haupt-) Tragflügel des Flugsystems

erfass, dann - mit einer kleinen zeitlichen Verzögerung - den Leitwerk-Tragflügel. Der Pilot eines Modellflugzeugs, der sich in den meisten aller denkbaren Fälle auf dem Boden und damit in der eulerschen Betrachtungsweise des Flugsystems befindet, registriert das Einfallen einer Böe als einen kleinen (oder auch nicht so kleinen) Versatz des Flugsystems (eine Drift) und setzt diese regelnd in Geschwindigkeitszuwachs um. Dies könnte, laienhaft betrachtet - und aus der lagrange'schen Perspektive, also "im" Flugsystem - wie ein zusätzlicher Schub, ja wie ein "Widerstand mit negativem Vorzeichen" empfunden werden. Der Autor weiß es nicht.

Bemühen wir uns um ein versöhnliches Fazit. Mit Mitteln der stationären Strömungsanalyse, zumal einer potentialtheoretischen Betrachtung ist der Katzmayr-Effekt nicht darstellbar. Ich möchte aber nicht in Abrede stellen, dass transiente Berechnungen und/oder Versuche an und in nichtstationären Messstrecken (siehe auch [Hans-07][W-5][W-6]) die entscheidenden Effekte darstellen können. Geschwindigkeitsgradienten der Strömung, die nicht absolut exakt auf der Achse der Hauptbewegungsrichtung eines Flugsystems oder (in einer abstrakten Betrachtung) nicht exakt auf der horizontale Achse (kartesische Koordinaten) des Polagendiagramms eines Tragflügelsektors (Profil mit Auftriebsbeiwert Ca=0!) liegen, so genannte Inversionen und Geschwindigkeitsänderungen in einer Scherschicht, sind

- als Richtungsänderung der Strömung wahrnehmbar und können
- sehr energiereich sein,

mit intensiven Wirkungen auf das Auftriebs- und Widerstandsgebaren der Strömungssysteme bzw., deren fluidmechanisch wirksamen Tragflügel.
Strömungssysteme wie etwa die Repelletragflügel einer Wellsturbine "erleben" im Betrieb einen kolossalen Geschwindigkeitsgradienten, der von dem System als vollständige Richtungsumkehr der beaufschlagenden Strömung wahrgenommen wird. Um die zukünftige Leistungsausbeute dieser Maschinen zu erhöhen, sind Fragen der Prozessführung und weitgehende gestalterische Maßnahmen erforderlich, die den Bereich an Profilanstellwinkeln effektiver Leistungsentkopplung vergrößern.

Strömungsadaptive Profile sollten hier ein Erfolg versprechender Ansatz sein.

Auf die energetische Ausnutzung von Geschwindigkeitsgradienten der Strömung spekulieren bestimmte Flugstile. In der Technik ist es das "Hangsegeln", das der Autor leider nur aus der Perspektive des Modellfliegers kennt, beim Segeln auf dem Wasser ist es das "Anluven in einer Böe" und in der belebten Natur - und hier schließt sich der Kreis - sind das Ausnutzen von Geschwindigkeitsgradienten der Strömung und Wahrnehmen von Inversionsströmungen noch schlecht untersuchte Phänomene. Albatrosse praktizieren den oberflächennahen Gradientenflug und erreichen damit Wegstrecken von mehreren hundert Kilometern! ohne einen einzigen Flügelschlag, heimische Möwen können beobachtet werden, wie sie stundenlang an Deichkanten segeln. Aber noch mehr: Tauben und wandernde Vögel stehen unter Verdacht, mit ihren das terrestrische Magnetfeld messenden Sinnen, auch Inversionsströmungen registrieren zu können; ein wunderbarer Quell leichtfertiger Spekulationen.

Dass sich die Beobachtungen und theoretischen Arbeiten Knollers und Betzs als auch die Experimente Katzmayrs zum hundertsten Male jähren, sollte ein guter Anlass sein, nicht müde zu werden, die Dynamik der Auftriebsentstehung in der Natur und in der Technik zum Gegenstand rezenter Forschung zu machen. Es herrscht Diskussions- und Translationsbedarf; im Sinne der Bionik.

Berlin im Frühjahr 2013.

Bibliographie

[Betz-12]   Betz, Albert; (1912), Ein Beitrag zur Erklärung des Segelfluges. Zeitschrift für Flugtechnik u. Motorluftschifffahrt 3 (1912), S. 269-272.

[Hans-07]   Hansen, H., Richards, P.J. and Jackson, P.S., Enhanced Wind Tunnel and Full-Scale Sail Force Comparison, *The 18th Chesapeake SailingYacht Symposium, Annapolis.*

[Hepp-94]   M. Hepperle, C.-C. Rossow: *"Euler Analysis of the P1V15 Nacelle installed on the ALVAST Transport Configuration"*, LARA Technical Report LTR 17,1994.

[Katz-22-2]   Katzmayr, R. (1922). Effect of periodic Changes of Angle of Attack on Behavior of Airfoils Technical notes No. 147 (03.1922), National Advisory Committee for Aeronautics (NACA) Massachusetts Institute of Technology

[Katz-22]   Katzmayr, R. (1922). Über das Verhalten der Flügelflächen bei periodischen Änderungen der Geschwindigkeitsrichtung, Zeitschrift für Flugtechnik u. Motorluftschifffahrt Heft 6, 13. Jg., 80-82.

[Knol-09]   Knoller, Richard; (1909), Die Gesetze des Luftwiderstandes. Flug- und Motortechnik (Wien) 3 (1909), Nr. 21, S. 1-7,

[Knol-13]   Knoller, Richard(1913), Zur Theorie des Segelfluges. Zeitschrift für Flugtechnik u. Motorluftschifffahrt 4 (1913), S. 13-14.

[Mial-05]   B. Mialon, M. Hepperle: "Flying Wing Aerodynamics Studies at ONERA and DLR", CEAS/KATnet Conference on Key Aerodynamic Technologies, 20.-22. Juni 2005, Bremen.

[Ober-25]   Ober, Shatswall (1925), Note on the Katzmaxr Effect on Airfoil drag. Technical notes No. 214 (02.1925), National Advisory Committee for Aeronautics (NACA) Massachusetts Institute of Technology.

[Schm-65]   Schmidt, Wilhelm (1965), Der Wellpropeller, ein neuer Antrieb für Wasser-, Land- und Luftfahrzeuge, Zeitschrift für Flugwissenschaft 13(1965)2 S472 ff.

[Tous-24]   Toussaint, Kerneis, Girault, (1924), Experimental Investigation of the Effect of an oscillating Airstream (Katzmayr Effect) on the Characteristics of Airfoils. Technical notes No. 202 (02.1925), National Advisory Committee forAeronautics (NACA) Massachusetts Institute of Technology.

[W-1] http://de.wikipedia.org/wiki/Richard_Knoller (abgerufen 26022013)

[W-2] http://www.ae.illinois.edu/m-selig/ads/coord_database.html (abgerufen 27022013)

[W-3] http://www.mh-aerotools.de/airfoils/javafoil.htm (abgerufen 102012)

[W-4] http://www.mh-aerotools.de/airfoils/index.htm (abgerufen 102012)

[W-5] http://www.mech.auckland.ac.nz/uoa/twisted-flow-wind-tunnel (abgerufen   05032013)

[W-6] http://homepages.engineering.auckland.ac.nz/~dpel004/yru/html/Wind-tunnel/index.html (abgerufen 05032013)

Anhang

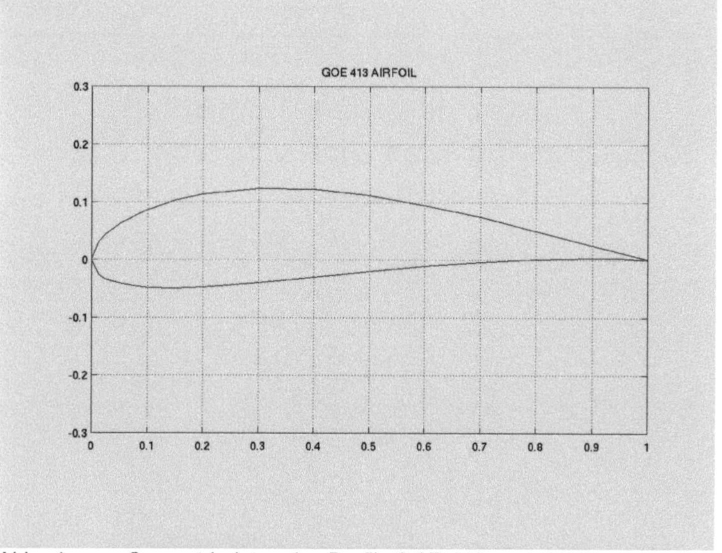

Abb.: 1   Geometriedaten des Profils GOE 413 nach [W-2]

Tabelle 1: Geometriedaten des Flugzeugprofils GOE 413	
Koordinaten X, Y der Profilkontur **(oben)**	**Koordinaten** X, Y der Profilkontur **(unten)**
X/t Y/t	X/t Y/t
0.0000000 0.0000000	0.0000000 0.0000000
0.0125000 0.0303400	0.0125000 -.0262600
0.0250000 0.0445800	0.0250000 -.0346200
0.0500000 0.0611600	0.0500000 -.0407400
0.0750000 0.0742500	0.0750000 -.0453500
0.1000000 0.0857300	0.1000000 -.0484700
0.1500000 0.1026900	0.1500000 -.0495100
0.2000000 0.1137600	0.2000000 -.0474400
0.3000000 0.1237900	0.3000000 -.0397100
0.4000000 0.1226200	0.4000000 -.0296800
0.5000000 0.1118500	0.5000000 -.0199500
0.6000000 0.0947800	0.6000000 -.0103200
0.7000000 0.0744100	0.7000000 -.0037900
0.8000000 0.0492400	0.8000000 0.0015400
0.9000000 0.0245700	0.9000000 0.0034700
0.9500000 0.0129300	0.9500000 0.0029400
1.0000000 0.0016000	1.0000000 0.0000000

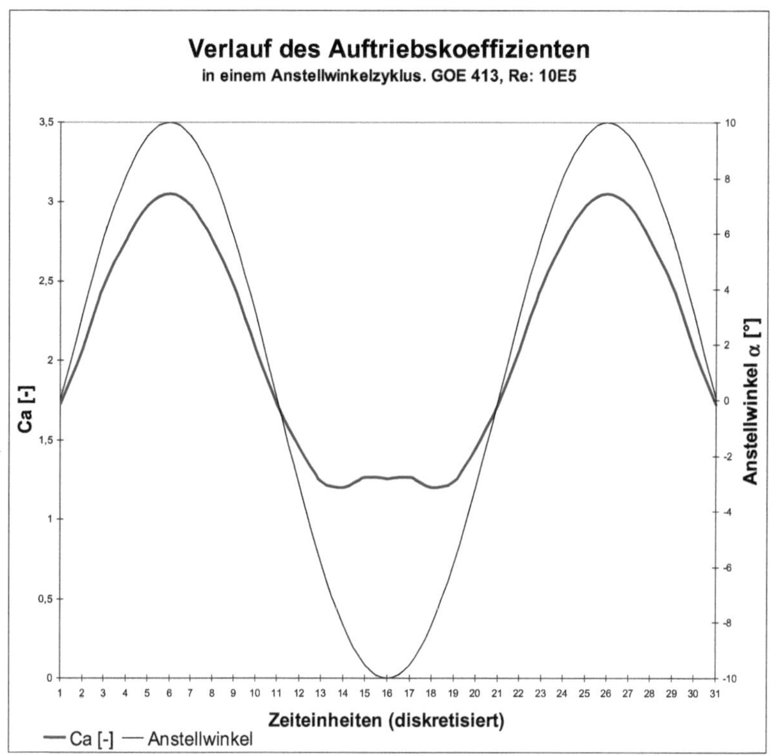

Abb.: 2.   Verlauf der Auftriebskoeffizienten des Profils GOE 413 in periodisch variierender Anströmrichtung (kumulierte stationäre Reihung)

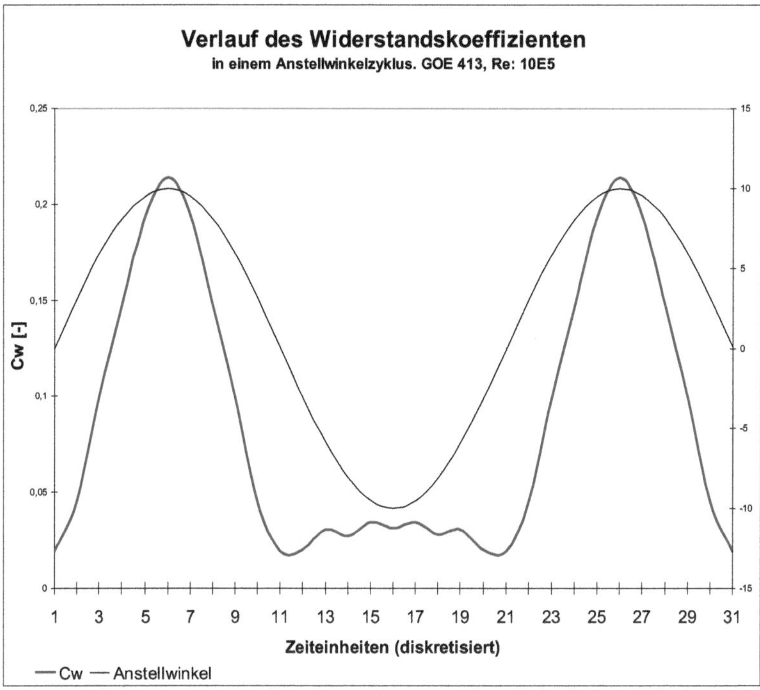

Abb.: 3.   Verlauf der Widerstandskoeffizienten des Profils GOE 413 in periodisch variierender Anströmrichtung (kumulierte stationäre Reihung)

Tabelle 2
Anstellwinkel als harmonisch- periodischer Alpha-Zyklus

Profil: GOE 413, Re: 10E5, Wasser

t (diskret) β t [s]	α [°]	α (rnd) [°]	Ca [-]	Cw [-]
0	0	0,0	1,727	0,01928
1	3,0886552	3,1	2,071	0,04518
2	5,87527526	5,9	2,469	0,09899
3	8,08736061	8,1	2,757	0,14675
4	9,50859461	9,5	2,979	0,19399
5	9,99999683	10,0	3,054	0,21406
6	9,51351376	9,5	2,979	0,19399
7	8,09671788	8,1	2,757	0,14675
8	5,88815562	5,9	2,469	0,09899
9	3,1037991	3,1	2,071	0,04518
10	0,01592653	0,0	1,727	0,01928
11	-3,07350347	-3,1	1,45	0,02
12	-5,86237999	-5,9	1,244	0,03088
13	-8,07798281	-8,1	1,2	0,0274
14	-9,50365133	-9,5	1,267	0,03455
15	-9,99997146	-10,0	1,258	0,0313
16	-9,51840879	-9,5	1,267	0,03455
17	-8,10605462	-8,1	1,2	0,0282
18	-5,90102105	-5,9	1,244	0,03088
19	-3,11893512	-3,1	1,45	0,02
20	-0,03185302	0,0	1,727	0,01928
21	3,05834394	3,1	2,071	0,04518
22	5,84946986	5,8	2,469	0,09899
23	8,06858453	8,1	2,757	0,14675
24	9,49868395	9,5	2,979	0,19399
25	9,99992073	10,0	3,054	0,21406
26	9,52327967	9,5	2,979	0,19399
27	8,1153708	8,1	2,757	0,14675
28	5,91387151	5,9	2,469	0,09899
29	3,13406323	3,1	2,071	0,04518
30	0,04777943	0,0	1,727	0,01928

[Abb.:4 ..bis Abb.: 13]
Strömungsfeld GOE 413: positive Anstellwinkel / Druckbeiwerte

α	Re	Mach	Λ	Ca	Cw	Cm 0.25
[°]	[-]	[-]	[-]	[-]	[-]	[-]
0,000	100000	0,000	∞	1,727	0,01928	-0,327

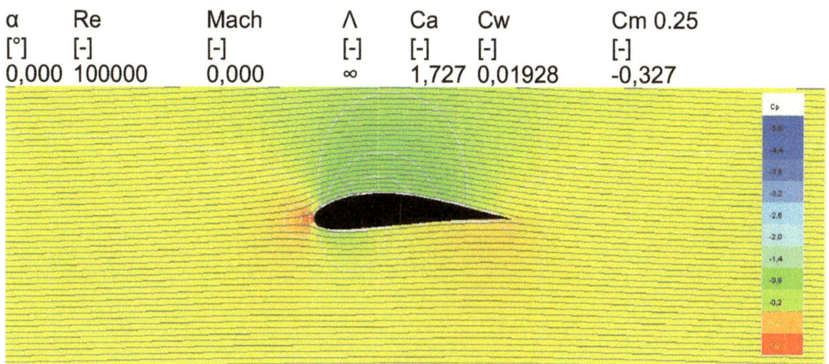

α	Re	Mach	Λ	Ca	Cw	Cm 0.25
[°]	[-]	[-]	[-]	[-]	[-]	[-]
10,000	100000	0,000	∞	3,054	0,21406	-0,965

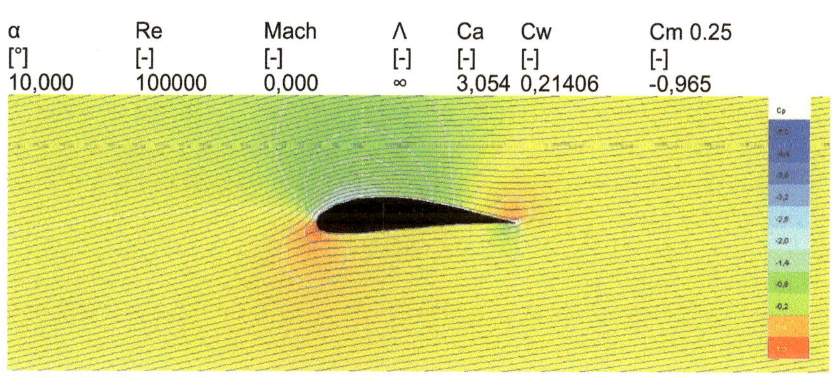

α	Re	Mach	Λ	Ca	Cw	Cm 0.25
[°]	[-]	[-]	[-]	[-]	[-]	[-]
15,000	100000	0,000	∞	3,771	0,13235	-1,412

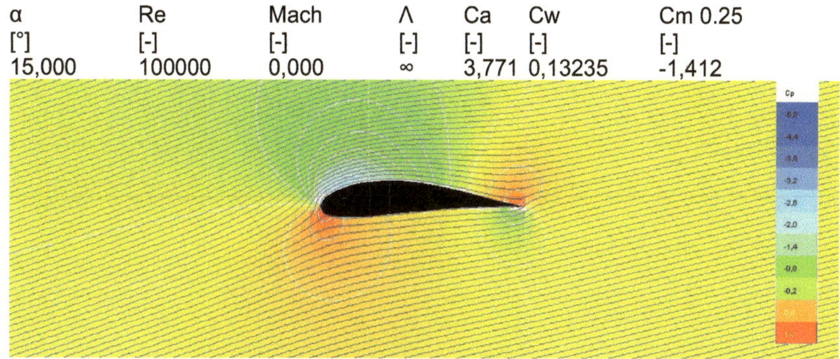

α [°]	Re [-]	Mach [-]	Λ [-]	Ca [-]	Cw [-]	Cm 0.25 [-]
20,000	100000	0,000	∞	4,320	0,22051	-1,927

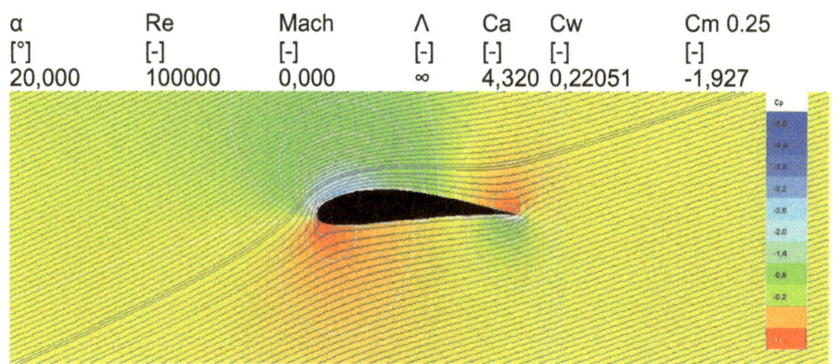

Strömungsfeld GOE 413: negative Anstellwinkel

α [°]	Re [-]	Mach [-]	Λ [-]	Ca [-]	Cw [-]	Cm 0.25 [-]
-3,000	100000	0,000	∞	1,450	0,17790	-0,212

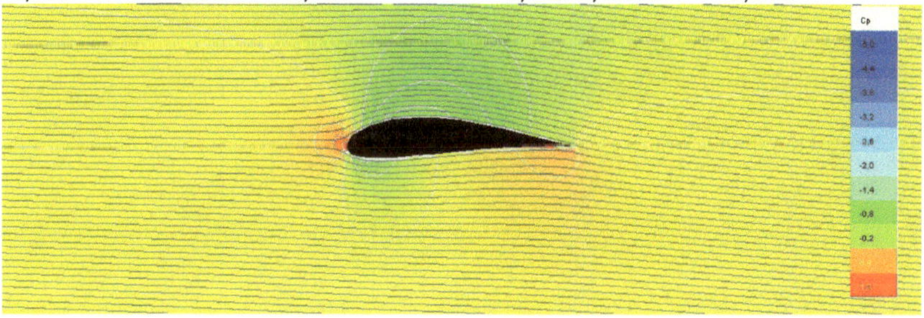

α [°]	Re [-]	Mach [-]	Λ [-]	Ca [-]	Cw [-]	Cm 0.25 [-]
-5,000	100000	0,000	∞	1,304	0,03999	-0,156

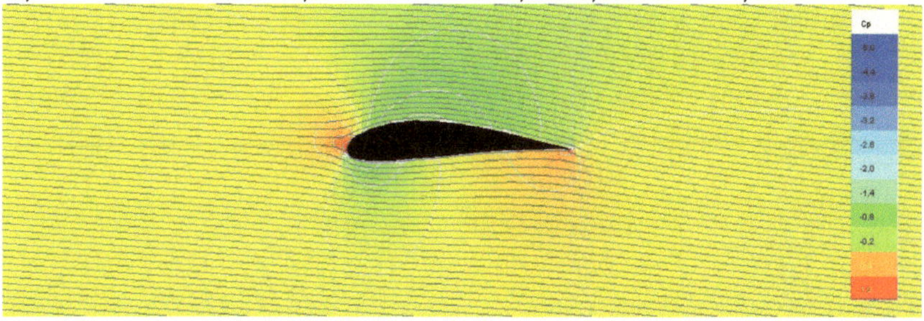

α	Re	Mach	Λ	Ca	Cw	Cm 0.25
[°]	[-]	[-]	[-]	[-]	[-]	[-]
-8,000	100000	0,000	∞	1,146	0,02314	-0,104

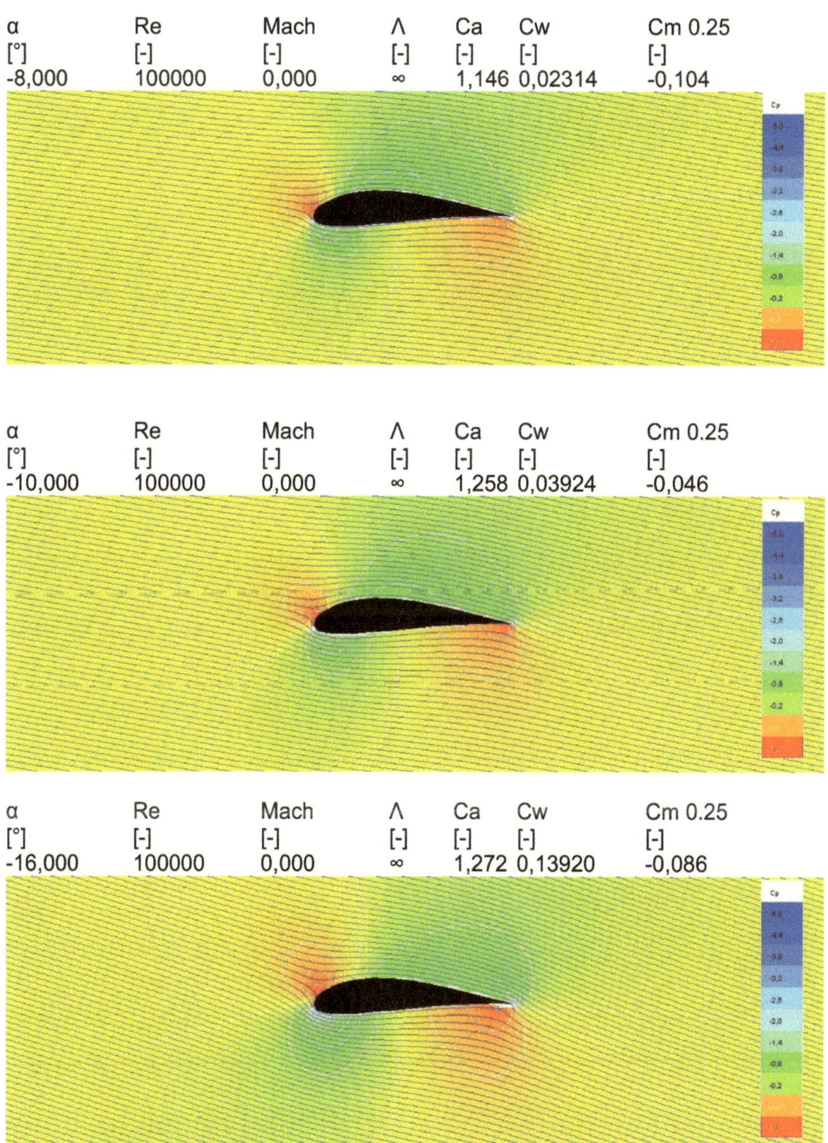

α	Re	Mach	Λ	Ca	Cw	Cm 0.25
[°]	[-]	[-]	[-]	[-]	[-]	[-]
-10,000	100000	0,000	∞	1,258	0,03924	-0,046

α	Re	Mach	Λ	Ca	Cw	Cm 0.25
[°]	[-]	[-]	[-]	[-]	[-]	[-]
-16,000	100000	0,000	∞	1,272	0,13920	-0,086

α	Re	Mach	Λ	Ca	Cw	Cm 0.25
[°]	[-]	[-]	[-]	[-]	[-]	[-]
-20,000	100000	0,000	∞	1,373	0,30618	-0,197

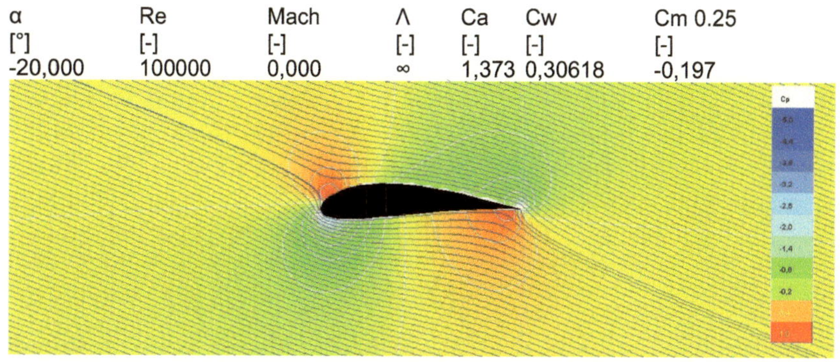

Strömungsfeld GOE 413: positive Anstellwinkel / Geschwindigkeiten
Abb.: 14

α	Re	Mach	Λ	Ca	Cw	Cm 0.25
[°]	[-]	[-]	[-]	[-]	[-]	[-]
0,000	100000	0,000	∞	1,727	0,01928	-0,327

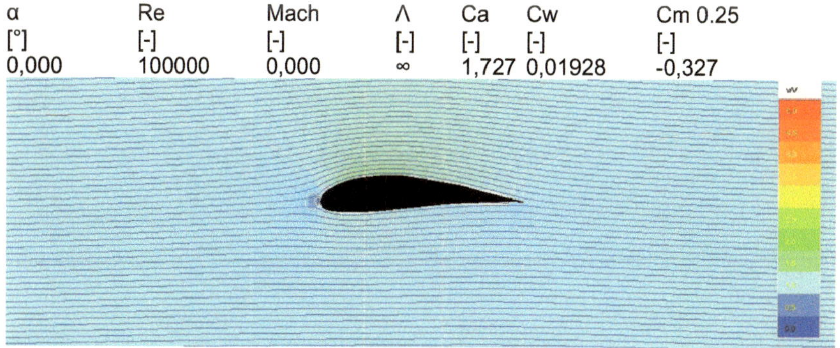

Tabelle 3:	Profil: GOE 413, Re: 10E5, Wasser
Varianter Anstellwinkel	α
Auftriebsbeiwert:	Ca
Widerstandsbeiwert:	Cw
Momentenbeiwert:	Cm 0.25
Druckkoeffizient:	Cp*
Krit. Machzahl:	Mkrit

α [°]	Ca [-]	Cw [-]	Cm 0.25 [-]	Cp* [-]	M krit. [-]
-10,0	1,258	0,03924	-0,046	-2,358	0,511
-9,5	1,267	0,03455	-0,050	-2,259	0,519
-9,0	1,278	0,03134	-0,055	-2,161	0,528
-8,5	1,126	0,02227	-0,099	-2,064	0,537
-8,0	1,146	0,02314	-0,104	-1,968	0,545
-7,5	1,168	0,02439	-0,110	-1,873	0,555
-7,0	1,191	0,02579	-0,117	-1,779	0,565
-6,5	1,216	0,02843	-0,125	-1,687	0,576
-6,0	1,244	0,03088	-0,134	-1,595	0,586
-5,5	1,273	0,03416	-0,144	-1,505	0,597
-5,0	1,304	0,03999	-0,156	-1,416	0,609
-4,5	1,338	0,04742	-0,168	-1,328	0,621
-4,0	1,373	0,05992	-0,182	-1,242	0,634
-3,5	1,411	0,08559	-0,196	-1,157	0,647
-3,0	1,450	0,17790	-0,212	-1,073	0,661
-2,5	1,492	1,39961	-0,229	-0,990	0,676
-2,0	1,588	0,04990	-0,237	-0,986	0,677
-1,5	1,580	0,03681	-0,258	-1,029	0,669
-1,0	1,627	0,03652	-0,280	-1,075	0,660
-0,5	1,676	0,03613	-0,303	-1,122	0,653
0,0	1,727	0,01928	-0,327	-1,169	0,645
0,5	1,780	0,02293	-0,350	-1,216	0,638
1,0	1,835	0,02292	-0,374	-1,263	0,630
1,5	1,868	0,03681	-0,400	-1,310	0,623
2,0	1,950	0,02747	-0,425	-1,358	0,616
2,5	2,009	0,03644	-0,452	-1,405	0,611
3,0	2,071	0,04518	-0,479	-1,462	0,603
3,5	2,134	0,05141	-0,508	-1,577	0,588
4,0	2,198	0,05954	-0,538	-1,727	0,571
4,5	2,264	0,06849	-0,568	-1,881	0,554
5,0	2,331	0,07792	-0,600	-2,039	0,538
5,5	2,400	0,08801	-0,632	-2,201	0,524
6,0	2,469	0,09899	-0,666	-2,366	0,510
6,5	2,540	0,11113	-0,700	-2,535	0,498
7,0	2,612	0,12230	-0,736	-2,707	0,485
7,5	2,684	0,13234	-0,772	-2,883	0,473
8,0	2,757	0,14675	-0,809	-3,062	0,462
8,5	2,831	0,16193	-0,847	-3,245	0,452
9,0	2,905	0,17751	-0,885	-3,432	0,442
9,5	2,979	0,19399	-0,925	-3,621	0,432
10,0	3,054	0,21406	-0,965	-3,814	0,423

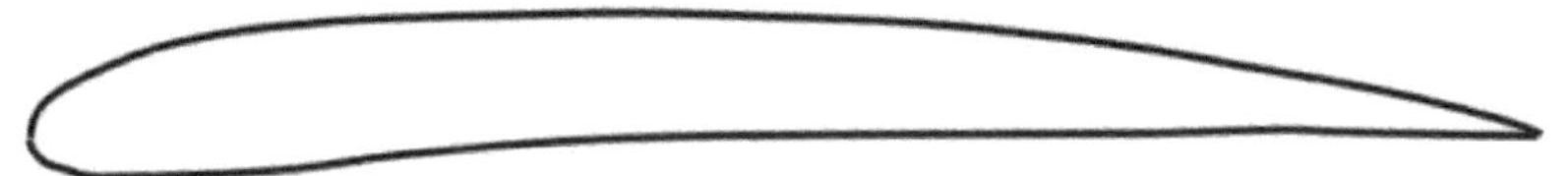

Abb.15: Aus [Ober-25] extrahierte Geometriedaten des Profils SC100

Generelle Annahmen hinsichtlich des Mediums
Dichte [kg m^{-3}]   r(Luft)=1,188,

kinematische Zähigkeit [m^2 s^{-1}]   n(Luft)=0.00001524,
Schallgeschwindigkeit [m s^{-1}]   a(Luft)= 343,

Profil: SC100
Dicke   d/t   9,726
Wölbungsrücklage: f/t   3,483

Tabelle 4: Geometriedaten des Flugzeugprofils SC100

Koordinaten X, Y der Profilkontur (oben)		Koordinaten X, Y der Profilkontur (unten)	
X/t	Y/t	X/t	Y/t
1,00000000	0,00000000	-0,00014967	0,00022811
0,99420390	0,00481986	0,00110336	-0,00715383
0,98307748	0,00990806	0,00756108	-0,01819377
0,96626929	0,01406784	0,02177817	-0,02748601
0,94520597	0,01921793	0,04258539	-0,03283722
0,91972984	0,02496071	0,06836942	-0,03296635
0,89006701	0,03085709	0,09825424	-0,03253748
0,85646900	0,03657527	0,13189031	-0,03090837
0,81932780	0,04238077	0,16897469	-0,02864180
0,77918582	0,04935523	0,20900820	-0,02422957
0,73622336	0,05616313	0,25169384	-0,01898579
0,69075987	0,06200835	0,29680797	-0,01459721
0,64327707	0,06698984	0,34384994	-0,01065379
0,59425672	0,07095734	0,39241977	-0,00830212
0,54418262	0,07348758	0,44196349	-0,00684887
0,49358092	0,07503247	0,49199711	-0,00534903
0,44300886	0,07673612	0,54206625	-0,00511412
0,39287091	0,07723090	0,59165487	-0,00496793
0,34369225	0,07678218	0,64028609	-0,00511933
0,29599370	0,07502668	0,68749043	-0,00485675
0,25020819	0,07343255	0,73278914	-0,00336340
0,20676015	0,07162767	0,77579913	-0,00305200
0,16614215	0,06844811	0,81604308	-0,00166717
0,12888580	0,06349977	0,85318946	-0,00233837
0,09547826	0,05679940	0,88686068	-0,00342720
0,06657073	0,04795940	0,91676196	-0,00337710
0,04229407	0,03821463	0,94256640	-0,00405798
0,02319520	0,02824438	0,96402569	-0,00514968
0,00861244	0,01733136	0,98096052	-0,00498633
0,00128639	0,00726647	0,99283653	-0,00206183
-0,00014967	0,00022811	1,00000000	0,00000000

Tabelle 5

Profil SC100
Druck- und Geschwindigkeitsbeiwerte über die ProfilKontut P(x/t,y/t)
Druckverteilung Cp(x/t,y/t)
Geschwindigkeitsverteilung v(x/t,y/t) /V

x/t	y/t	Cp	x/t	y/t	v/V
1,00000	0,00000	0,80784	1,00000	0,00000	0,43836
0,99420	0,00482	-0,06488	0,99420	0,00482	1,03193
0,98308	0,00991	-0,27385	0,98308	0,00991	1,12865
0,96627	0,01407	-0,11936	0,96627	0,01407	1,05800
0,94521	0,01922	-0,19809	0,94521	0,01922	1,09457
0,91973	0,02496	-0,27738	0,91973	0,02496	1,13021
0,89007	0,03086	-0,34225	0,89007	0,03086	1,15856
0,85647	0,03658	-0,36406	0,85647	0,03658	1,16793
0,81933	0,04238	-0,35955	0,81933	0,04238	1,16600
0,77919	0,04936	0,49922	0,77919	0,04936	1,22443
0,73622	0,05616	-0,62388	0,73622	0,05616	1,27432
0,69076	0,06201	-0,69592	0,69076	0,06201	1,30227
0,64328	0,06699	-0,77195	0,64328	0,06699	1,33115
0,59426	0,07096	-0,85304	0,59426	0,07096	1,36126
0,54418	0,07349	-0,87970	0,54418	0,07349	1,37102
0,49358	0,07503	-0,87683	0,49358	0,07503	1,36997
0,44301	0,07674	-1,02491	0,44301	0,07674	1,42299
0,39287	0,07723	-1,10161	0,39287	0,07723	1,44969
0,34369	0,07678	-1,21385	0,34369	0,07678	1,48790
0,29599	0,07503	-1,22320	0,29599	0,07503	1,49104
0,25021	0,07343	-1,39444	0,25021	0,07343	1,54740
0,20676	0,07163	-1,70975	0,20676	0,07163	1,64613
0,16614	0,06845	-2,03823	0,16614	0,06845	1,74305
0,12889	0,06350	-2,37500	0,12889	0,06350	1,83712
0,09548	0,05680	-2,81976	0,09548	0,05680	1,95442
0,06657	0,04796	-3,02960	0,06657	0,04796	2,00739
0,04229	0,03821	-3,42435	0,04229	0,03821	2,10341
0,02320	0,02824	-4,15717	0,02320	0,02824	2,27094
0,00861	0,01733	-5,43550	0,00861	0,01733	2,53683
0,00129	0,00727	-6,27369	0,00129	0,00727	2,69698
-0,00015	0,00023	-4,47012	-0,00015	0,00023	2,33883
0,00110	-0,00715	-1,82958	0,00110	-0,00715	1,68214
0,00756	-0,01819	0,28657	0,00756	-0,01819	0,84465

0,02178	-0,02749	0,99106	0,02178	-0,02749	0,09455
0,04259	-0,03284	0,90105	0,04259	-0,03284	0,31456
0,06837	-0,03297	0,80027	0,06837	-0,03297	0,44691
0,09825	-0,03254	0,70314	0,09825	-0,03254	0,54485
0,13189	-0,03091	0,63936	0,13189	-0,03091	0,60053
0,16897	-0,02864	0,56593	0,16897	-0,02864	0,65884
0,20901	-0,02423	0,55587	0,20901	-0,02423	0,66643
0,25169	-0,01899	0,56391	0,25169	-0,01899	0,66037
0,29681	-0,01460	0,54409	0,29681	-0,01460	0,67521
0,34385	-0,01065	0,54212	0,34385	-0,01065	0,67667
0,39242	-0,00830	0,51044	0,39242	-0,00830	0,69969
0,44196	-0,00685	0,47246	0,44196	-0,00685	0,72632
0,49200	-0,00535	0,46763	0,49200	-0,00535	0,72964
0,54207	-0,00511	0,42410	0,54207	-0,00511	0,75888
0,59165	-0,00497	0,39935	0,59165	-0,00497	0,77502
0,64029	-0,00512	0,36057	0,64029	-0,00512	0,79964
0,68749	-0,00486	0,32637	0,68749	-0,00486	0,82075
0,73279	-0,00336	0,36563	0,73279	-0,00336	0,79647
0,77580	-0,00305	0,31562	0,77580	-0,00305	0,82727
0,81604	-0,00167	0,38285	0,81604	-0,00167	0,78559
0,85319	-0,00234	0,33292	0,85319	-0,00234	0,81675
0,88686	-0,00343	0,26493	0,88686	-0,00343	0,85736
0,91676	-0,00338	0,31072	0,91676	-0,00338	0,83023
0,94257	-0,00406	0,28388	0,94257	-0,00406	0,84624
0,96403	-0,00515	0,15990	0,96403	-0,00515	0,91657
0,98096	-0,00499	0,02748	0,98096	-0,00499	0,98616
0,99284	-0,00206	0,37078	0,99284	-0,00206	0,79323
1,00000	0,00000	0,80784	1,00000	0,00000	0,43836

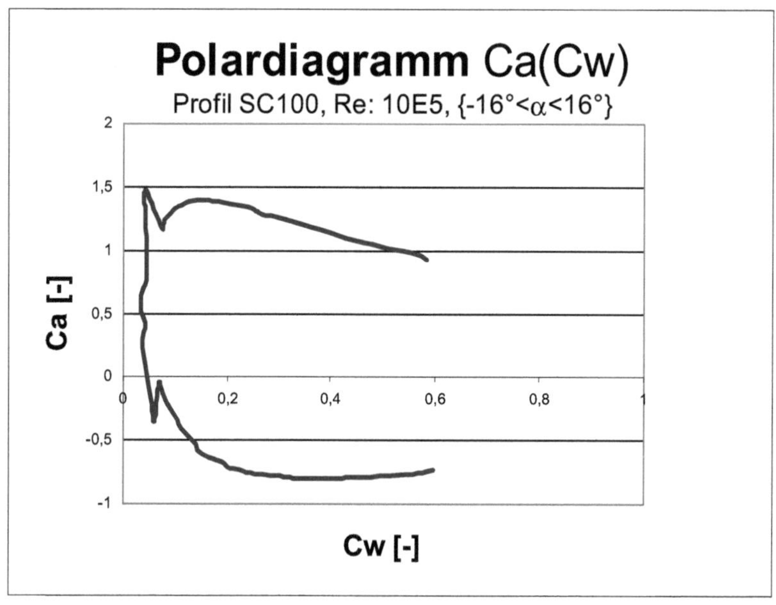

Abb. 16: Auftrieb als Funktion des Widerstandsbeiwertes SC100 (Polare)

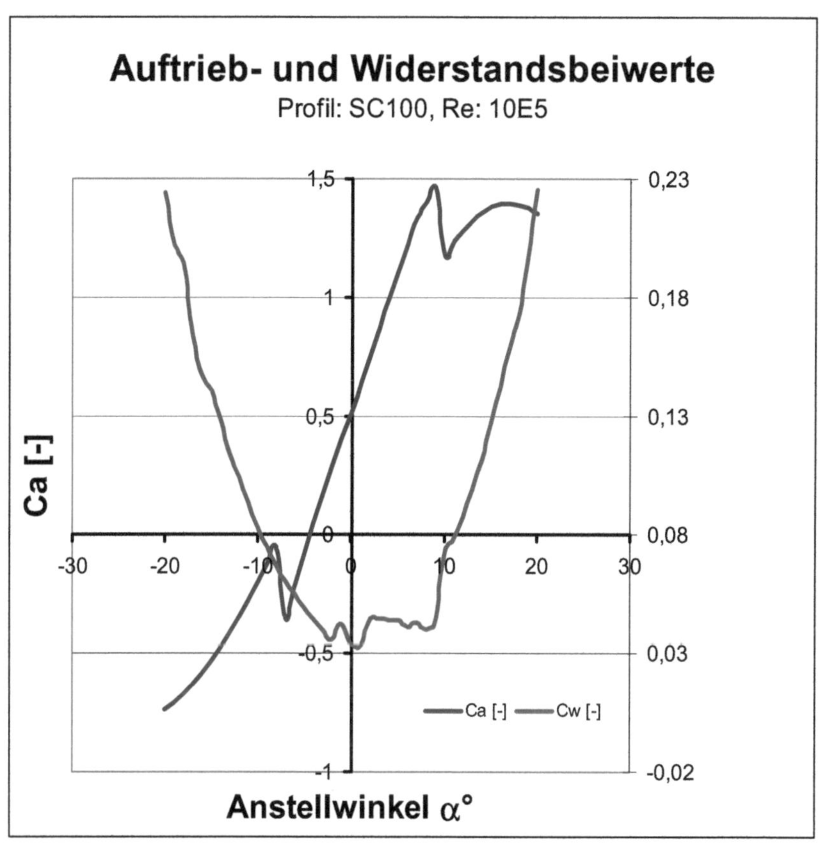

Abb. 16: Auftrieb- und Widerstandsbeiwerte. SC100, Re: 10E5

Tabelle 6: Profil: SC100, Re: 10E5, Luft

Varianter Anstellwinkel	α	
Auftriebsbeiwert:	Ca	
Widerstandsbeiwert:	Cw	
Momentenbeiwert:	Cm 0.25	
Druckkoeffizient:	Cp*	
Krit. Machzahl:	Mkrit	

α [°]	Ca [-]	Cw [-]	Cm 0.25 [-]	Cp* [-]	M krit. [-]
-20,0	-0,739	1,12228	-0,021	-17,875	0,211
-19,0	-0,711	1,01208	-0,026	-16,498	0,219
-18,0	-0,677	0,90509	-0,031	-15,163	0,229
-17,0	-0,635	0,78776	-0,036	-13,872	0,238
-16,0	-0,589	0,67571	-0,041	-12,625	0,249
-15,0	-0,537	0,59876	-0,047	-11,425	0,261
-14,0	-0,479	0,51052	-0,052	-10,274	0,274
-13,0	-0,415	0,46394	-0,057	-9,171	0,289
-12,0	-0,349	0,39776	-0,062	-8,120	0,306
-11,0	-0,278	0,34292	-0,067	-7,121	0,324
-10,0	-0,205	0,29590	-0,072	-6,175	0,345
-9,0	-0,128	0,25744	-0,077	-5,283	0,369
-8,0	-0,050	0,22391	-0,083	-4,447	0,397
-7,0	-0,354	0,20218	-0,088	-3,668	0,430
-6,0	-0,219	0,16918	-0,093	-3,091	0,461
-5,0	-0,087	0,14838	-0,099	-2,584	0,494
-4,0	0,042	0,13591	-0,104	-2,109	0,533
-3,0	0,168	0,12143	-0,110	-1,668	0,577
-2,0	0,290	0,11341	-0,115	-1,255	0,632
-1,0	0,407	0,09490	-0,121	-0,962	0,682
0,0	0,472	0,07564	-0,126	-0,813	0,712
1,0	0,437	0,08412	-0,132	-0,986	0,677
2,0	0,526	0,09039	-0,138	-1,166	0,646
3,0	0,613	0,11066	-0,144	-1,353	0,617
4,0	0,699	0,11796	-0,150	-1,704	0,573
5,0	0,783	0,14034	-0,155	-2,221	0,522
6,0	0,864	0,16216	-0,161	-2,780	0,480
7,0	0,984	0,14681	-0,164	-3,383	0,445
8,0	1,065	0,16783	-0,169	-4,026	0,414
9,0	1,133	0,20388	-0,174	-4,711	0,387
10,0	1,196	0,23818	-0,180	-5,436	0,365
11,0	1,252	0,27297	-0,185	-6,199	0,345
12,0	1,300	0,32037	-0,190	-7,001	0,326
13,0	1,340	0,38152	-0,195	-7,840	0,310
14,0	1,371	0,43677	-0,200	-8,715	0,296
15,0	1,392	0,52292	-0,205	-9,626	0,282
16,0	1,402	0,62445	-0,210	-10,570	0,270
17,0	1,404	0,69993	-0,214	-11,547	0,260
18,0	1,395	0,77921	-0,219	-12,556	0,249
19,0	1,379	0,90013	-0,224	-13,596	0,240
20,0	1,358	1,14444	-0,229	-14,664	0,231

α	Re	Mach	Λ	Ca	Cw	Cm 0.25
[°]	[-]	[-]	[-]	[-]	[-]	[-]
0,000	100000	0,000	∞	0,521	0,02385	-0,126

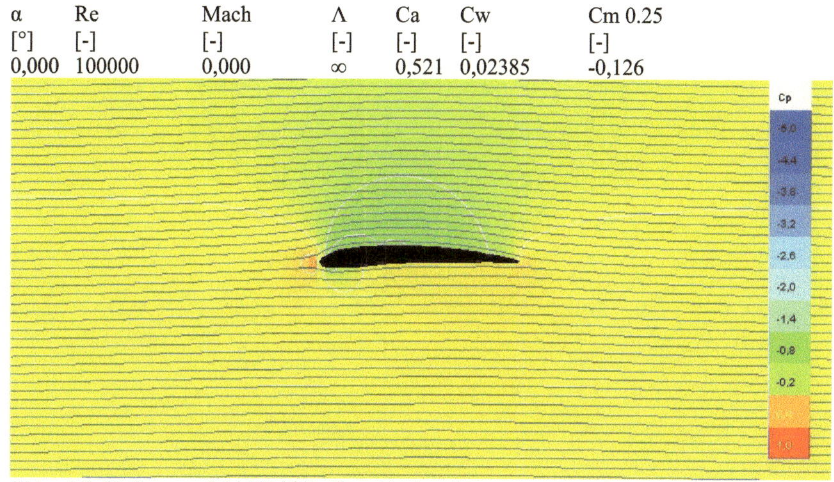

Abb.: 17: Strömungsfeld SC100: Druckbeiwerte

α	Re	Mach	Λ	Ca	Cw	Cm 0.25
[°]	[-]	[-]	[-]	[-]	[-]	[-]
10,000	100000	0,000	∞	1,175	0,06259	-0,180

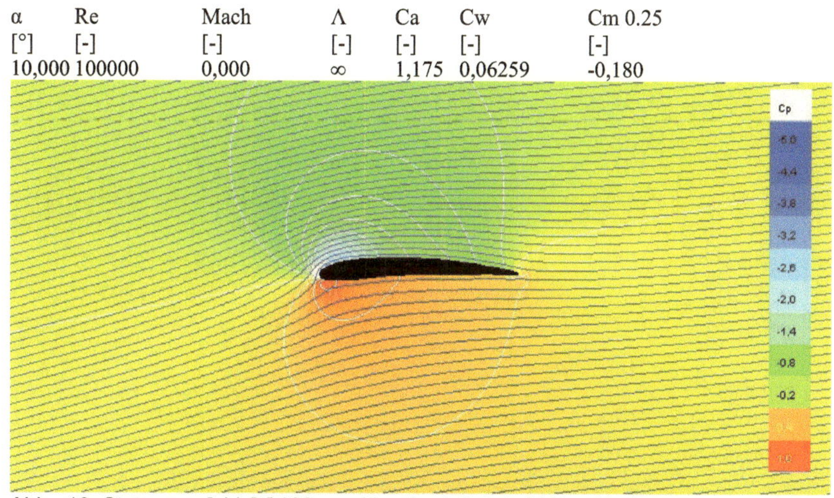

Abb.: 18: Strömungsfeld SC100: positive Anstellwinkel / Druckbeiwerte

α [°]	Re [-]	Mach [-]	Λ [-]	Ca [-]	Cw [-]	Cm 0.25 [-]
-10,000	100000	0,000	∞	-0,203	0,06996	-0,072

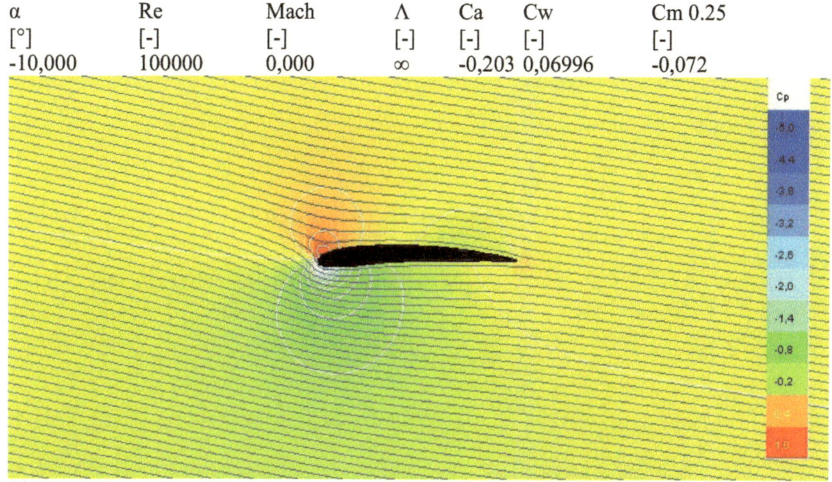

Abb.: 19: Strömungsfeld SC100: negative Anstellwinkel / Druckbeiwerte

Tabelle 7. SC100 Grenzschichtanalyse

Anstellwinkel = 0
Umschlag
Oberseite = 100 %
Unterseite = 100 %
Machzahl = 0
Oberfläche = glatt

Re = 100000

x/l	y/l	v/V	δ_1	δ_2	δ_3	$Re\delta_2$	C_f	H_12	H_32	Zust.	y1
[-]	[-]	[-]	[-]	[-]	[-]	[-]	[-]	[-]	[-]	[-]	[%]
1,0000	0,0000	0,4467	0,022551	0,007975	0,011580	356,3	0,0000	2,8276	1,4519	turb.	0,0000
0,9942	0,0048	1,0663	0,004821	0,003412	0,005913	391,8	0,0047	1,4131	1,7331	turb.	0,0206
0,9831	0,0099	1,1414	0,006915	0,004382	0,007314	463,3	0,0034	1,5780	1,6691	turb.	0,0242
0,9663	0,0141	1,0589	0,006040	0,003962	0,006685	429,7	0,0038	1,5247	1,6874	turb.	0,0229
0,9452	0,0192	1,0846	0,005410	0,003633	0,006179	402,7	0,0041	1,4891	1,7006	turb.	0,0221
0,9197	0,0250	1,1089	0,004982	0,003387	0,005783	381,3	0,0043	1,4711	1,7077	turb.	0,0216
0,8901	0,0309	1,1257	0,004969	0,003333	0,005667	374,8	0,0042	1,4909	1,7004	turb.	0,0219
0,8565	0,0366	1,1239	0,005233	0,003393	0,005704	377,1	0,0038	1,5423	1,6812	turb.	0,0229
0,8193	0,0424	1,1114	0,004288	0,002899	0,004941	334,7	0,0044	1,4791	1,7043	turb.	0,0214
0,7792	0,0494	1,1554	0,003632	0,002524	0,004343	300,3	0,0048	1,4387	1,7204	turb.	0,0204
0,7362	0,0562	1,1898	0,003326	0,002324	0,004005	279,4	0,0050	1,4314	1,7233	turb.	0,0201
0,6908	0,0620	1,2025	0,003024	0,002125	0,003669	258,1	0,0051	1,4230	1,7268	turb.	0,0198
0,6433	0,0670	1,2150	0,002711	0,001921	0,003327	235,8	0,0053	1,4113	1,7319	turb.	0,0193
0,5943	0,0710	1,2273	0,002605	0,001826	0,003150	222,8	0,0053	1,4270	1,7254	turb.	0,0195
0,5442	0,0735	1,2200	0,002633	0,001788	0,003052	214,9	0,0049	1,4727	1,7069	turb.	0,0202
0,4936	0,0750	1,2025	0,002225	0,001528	0,002618	188,1	0,0052	1,4563	1,7135	turb.	0,0196
0,4430	0,0767	1,2305	0,002066	0,001389	0,002363	171,2	0,0050	1,4874	1,7016	turb.	0,0199
0,3929	0,0772	1,2331	0,001892	0,001232	0,002075	153,2	0,0047	1,5358	1,6846	turb.	0,0205
0,3437	0,0768	1,2427	0,002149	0,001214	0,001961	148,1	0,0033	1,7708	1,6154	turb.	0,0247
0,2960	0,0750	1,2205	0,002313	0,001087	0,001677	134,5	0,0020	2,1276	1,5430	turb.	0,0320
0,2502	0,0734	1,2384	0,002734	0,000890	0,001367	114,1	0,0019	3,0716	1,5353	lam.	0,0324
0,2068	0,0716	1,2827	0,002019	0,000736	0,001147	96,7	0,0037	2,7431	1,5582	lam.	0,0232
0,1661	0,0684	1,3150	0,001649	0,000617	0,000965	82,1	0,0048	2,6732	1,5645	lam.	0,0204
0,1289	0,0635	1,3318	0,001163	0,000486	0,000776	65,5	0,0088	2,3943	1,5971	lam.	0,0150
0,0955	0,0568	1,3463	0,001022	0,000424	0,000676	55,0	0,0103	2,4097	1,5951	lam.	0,0139
0,0666	0,0480	1,2938	0,000840	0,000347	0,000554	43,0	0,0131	2,4192	1,5939	lam.	0,0124
0,0423	0,0382	1,2391	0,000613	0,000260	0,000417	30,6	0,0200	2,3551	1,6025	lam.	0,0100
0,0232	0,0282	1,1757	0,000377	0,000167	0,000270	17,4	0,0401	2,2576	1,6167	lam.	0,0071
0,0086	0,0173	1,0388	0,000248	0,000111	0,000179	7,7	0,0927	2,2383	1,6197	lam.	0,0046
0,0013	0,0073	0,6934	0,000141	0,000063	0,000102	1,9	0,0001	2,2364	1,6200	lam.	0,1414
-0,0001	0,0002	0,2053	0,000001	0,000000	0,000001	0,0	0,0000	2,2364	1,6200	lam.	0,0000
0,0011	-0,0072	0,3040	0,000167	0,000075	0,000121	1,7	0,0001	2,2364	1,6200	lam.	0,1414
0,0076	-0,0182	0,9311	0,000518	0,000226	0,000364	6,9	0,0963	2,2927	1,6113	lam.	0,0046
0,0218	-0,0275	1,2384	0,000294	0,000132	0,000213	12,3	0,0582	2,2331	1,6205	lam.	0,0059
0,0426	-0,0328	1,3034	0,000454	0,000199	0,000322	24,8	0,0273	2,2767	1,6138	lam.	0,0086
0,0684	-0,0330	1,1227	0,001486	0,001606	0,000782	180,3	0,0000	0,9253	0,4868	lam.	0,0000
0,0983	-0,0325	1,1039	0,001486	0,001606	0,000782	177,3	0,0000	0,9253	0,4868	abgel.	0,0000
0,1319	-0,0309	1,0658	0,001486	0,001606	0,000782	171,2	0,0000	0,9253	0,4868	abgel.	0,0000
0,1690	-0,0286	1,0675	0,001486	0,001606	0,000782	171,5	0,0000	0,9253	0,4868	abgel.	0,0000
0,2090	-0,0242	1,0104	0,001486	0,001606	0,000782	162,3	0,0000	0,9253	0,4868	abgel.	0,0000
0,2517	-0,0190	0,9530	0,001486	0,001606	0,000782	153,1	0,0000	0,9253	0,4868	abgel.	0,0000
0,2968	-0,0146	0,9369	0,001486	0,001606	0,000782	150,5	0,0000	0,9253	0,4868	abgel.	0,0000
0,3438	-0,0107	0,9088	0,001486	0,001606	0,000782	146,0	0,0000	0,9253	0,4868	abgel.	0,0000
0,3924	-0,0083	0,9139	0,001486	0,001606	0,000782	146,8	0,0000	0,9253	0,4868	abgel.	0,0000
0,4420	-0,0068	0,9256	0,001486	0,001606	0,000782	148,7	0,0000	0,9253	0,4868	abgel.	0,0000
0,4920	-0,0053	0,9099	0,001486	0,001606	0,000782	146,2	0,0000	0,9253	0,4868	abgel.	0,0000
0,5421	-0,0051	0,9282	0,001486	0,001606	0,000782	149,1	0,0000	0,9253	0,4868	abgel.	0,0000
0,5917	-0,0050	0,9313	0,001486	0,001606	0,000782	149,6	0,0000	0,9253	0,4868	abgel.	0,0000
0,6403	-0,0051	0,9454	0,001486	0,001606	0,000782	151,8	0,0000	0,9253	0,4868	abgel.	0,0000
0,6875	-0,0049	0,9558	0,001486	0,001606	0,000782	153,5	0,0000	0,9253	0,4868	abgel.	0,0000
0,7328	-0,0034	0,9152	0,001486	0,001606	0,000782	147,0	0,0000	0,9253	0,4868	abgel.	0,0000
0,7758	-0,0031	0,9389	0,001486	0,001606	0,000782	150,8	0,0000	0,9253	0,4868	abgel.	0,0000
0,8160	-0,0017	0,8818	0,001486	0,001606	0,000782	141,6	0,0000	0,9253	0,4868	abgel.	0,0000
0,8532	-0,0023	0,9072	0,001486	0,001606	0,000782	145,7	0,0000	0,9253	0,4868	abgel.	0,0000
0,8869	-0,0034	0,9425	0,001486	0,001606	0,000782	151,4	0,0000	0,9253	0,4868	abgel.	0,0000
0,9168	-0,0034	0,9043	0,001486	0,001606	0,000782	145,3	0,0000	0,9253	0,4868	abgel.	0,0000
0,9426	-0,0041	0,9139	0,001486	0,001606	0,000782	146,8	0,0000	0,9253	0,4868	abgel.	0,0000
0,9640	-0,0051	0,9811	0,001486	0,001606	0,000782	157,6	0,0000	0,9253	0,4868	abgel.	0,0000
0,9810	-0,0050	1,0457	0,001486	0,001606	0,000782	168,0	0,0000	0,9253	0,4868	abgel.	0,0000
0,9928	-0,0021	0,8460	0,001486	0,001606	0,000782	135,9	0,0000	0,9253	0,4868	abgel.	0,0000
1,0000	0,0000	0,4467	0,001486	0,001606	0,000782	71,7	0,0000	0,9253	0,4868	abgel.	0,0000

Tabelle 8 / SC100 Grenzschichtanalyse

Anstellwinkel = 10
Umschlag
Oberseite = 100 %
Unterseite = 100 %
Machzahl = 0
Oberfläche = glatt

Re = 100000

x/l	y/l	v/V	δ_1	δ_2	δ_3	$Re\delta_2$	C_f	H_12	H_32	Zust.	yl
[-]	[-]	[-]	[-]	[-]	[-]	[-]	[-]	[-]	[-]	[-]	[%]
1,0000	0,0000	0,4384	0,001468	0,008208	0,000767	359,9	0,0000	0,1788	0,0934	abgel.	0,0000
0,9942	0,0048	1,0319	0,001468	0,008208	0,000767	847,2	0,0000	0,1788	0,0934	abgel.	0,0000
0,9831	0,0099	1,1286	0,001468	0,008208	0,000767	926,6	0,0000	0,1788	0,0934	abgel.	0,0000
0,9663	0,0141	1,0580	0,001468	0,008208	0,000767	868,6	0,0000	0,1788	0,0934	abgel.	0,0000
0,9452	0,0192	1,0946	0,001468	0,008208	0,000767	898,6	0,0000	0,1788	0,0934	abgel.	0,0000
0,9197	0,0250	1,1302	0,001468	0,008208	0,000767	927,9	0,0000	0,1788	0,0934	abgel.	0,0000
0,8901	0,0309	1,1586	0,001468	0,008208	0,000767	951,1	0,0000	0,1788	0,0934	abgel.	0,0000
0,8565	0,0366	1,1679	0,001468	0,008208	0,000767	958,8	0,0000	0,1788	0,0934	abgel.	0,0000
0,8193	0,0424	1,1660	0,001468	0,008208	0,000767	957,2	0,0000	0,1788	0,0934	abgel.	0,0000
0,7792	0,0494	1,2244	0,001468	0,008208	0,000767	1005,2	0,0000	0,1788	0,0934	abgel.	0,0000
0,7362	0,0562	1,2743	0,001468	0,008208	0,000767	1046,2	0,0000	0,1788	0,0934	abgel.	0,0000
0,6908	0,0620	1,3023	0,001468	0,008208	0,000767	1069,1	0,0000	0,1788	0,0934	abgel.	0,0000
0,6433	0,0670	1,3311	0,001468	0,008208	0,000767	1092,8	0,0000	0,1788	0,0934	abgel.	0,0000
0,5943	0,0710	1,3613	0,001468	0,008208	0,000767	1117,5	0,0000	0,1788	0,0934	abgel.	0,0000
0,5442	0,0735	1,3710	0,001468	0,008208	0,000767	1125,6	0,0000	0,1788	0,0934	abgel.	0,0000
0,4936	0,0750	1,3700	0,001468	0,008208	0,000767	1124,7	0,0000	0,1788	0,0934	abgel.	0,0000
0,4430	0,0767	1,4230	0,001468	0,008208	0,000767	1168,2	0,0000	0,1788	0,0934	abgel.	0,0000
0,3929	0,0772	1,4497	0,001468	0,008208	0,000767	1190,1	0,0000	0,1788	0,0934	abgel.	0,0000
0,3437	0,0768	1,4879	0,001468	0,008208	0,000767	1221,5	0,0000	0,1788	0,0934	abgel.	0,0000
0,2960	0,0750	1,4910	0,001468	0,008208	0,000767	1224,1	0,0000	0,1788	0,0934	abgel.	0,0000
0,2502	0,0734	1,5474	0,001468	0,008208	0,000767	1270,3	0,0000	0,1788	0,0934	abgel.	0,0000
0,2068	0,0716	1,6461	0,001468	0,008208	0,000767	1351,4	0,0000	0,1788	0,0934	abgel.	0,0000
0,1661	0,0684	1,7431	0,001468	0,008208	0,000767	1431,0	0,0000	0,1788	0,0934	abgel.	0,0000
0,1289	0,0635	1,8371	0,001468	0,008208	0,000767	1508,2	0,0000	0,1788	0,0934	abgel.	0,0000
0,0955	0,0568	1,9544	0,001468	0,008208	0,000767	1604,5	0,0000	0,1788	0,0934	abgel.	0,0000
0,0666	0,0480	2,0074	0,001468	0,008208	0,000767	1648,0	0,0000	0,1788	0,0934	abgel.	0,0000
0,0423	0,0382	2,1034	0,001468	0,008208	0,000767	1726,8	0,0000	0,1788	0,0934	turb.	0,0000
0,0232	0,0282	2,2709	0,000681	0,000219	0,000336	55,5	0,0037	3,1068	1,5333	lam.	0,0233
0,0086	0,0173	2,5368	0,000266	0,000116	0,000187	31,3	0,0213	2,2943	1,6114	lam.	0,0097
0,0013	0,0073	2,6970	0,000224	0,000101	0,000164	24,3	0,0304	2,2188	1,6225	lam.	0,0081
-0,0001	0,0002	2,3388	0,000255	0,000114	0,000185	19,2	0,0376	2,2307	1,6209	lam.	0,0073
0,0011	-0,0072	1,6821	0,000309	0,000138	0,000224	11,7	0,0611	2,2353	1,6202	lam.	0,0057
0,0076	-0,0182	0,8446	0,000200	0,000089	0,000145	1,5	0,0001	2,2364	1,6200	lam.	0,1414
0,0218	-0,0275	0,0945	0,000001	0,000000	0,000001	0,0	0,0000	2,2364	1,6200	lam.	0,0000
0,0426	-0,0328	0,3146	0,000242	0,000108	0,000175	1,2	0,0001	2,2364	1,6200	lam.	0,1414
0,0684	-0,0330	0,4469	0,000640	0,000286	0,000463	9,0	0,0791	2,2365	1,6200	lam.	0,0050
0,0983	-0,0325	0,5449	0,000876	0,000388	0,000627	17,5	0,0397	2,2585	1,6166	lam.	0,0071
0,1319	-0,0309	0,6005	0,001063	0,000466	0,000752	25,4	0,0266	2,2797	1,6134	lam.	0,0087
0,1690	-0,0286	0,6588	0,001358	0,000581	0,000933	35,1	0,0179	2,3357	1,6052	lam.	0,0106
0,2090	-0,0242	0,6664	0,001477	0,000641	0,001033	42,4	0,0154	2,3029	1,6099	lam.	0,0114
0,2517	-0,0190	0,6604	0,002045	0,000812	0,001283	54,1	0,0090	2,5203	1,5809	lam.	0,0149
0,2968	-0,0146	0,6752	0,002692	0,001008	0,001578	66,6	0,0060	2,6703	1,5648	lam.	0,0183
0,3438	-0,0107	0,6767	0,002595	0,001069	0,001703	72,3	0,0077	2,4262	1,5929	lam.	0,0162
0,3924	-0,0083	0,6997	0,003067	0,001207	0,001904	81,7	0,0058	2,5419	1,5783	lam.	0,0186
0,4420	-0,0068	0,7263	0,002784	0,001203	0,001934	84,2	0,0076	2,3150	1,6082	lam.	0,0162
0,4920	-0,0053	0,7296	0,002725	0,001205	0,001947	87,6	0,0079	2,2616	1,6161	lam.	0,0159
0,5421	-0,0051	0,7589	0,003293	0,001337	0,002123	97,6	0,0054	2,4637	1,5878	lam.	0,0192
0,5917	-0,0050	0,7750	0,002875	0,001283	0,002079	97,4	0,0073	2,2402	1,6195	lam.	0,0166
0,6403	-0,0051	0,7996	0,003069	0,001331	0,002142	103,2	0,0063	2,3063	1,6092	lam.	0,0178
0,6875	-0,0049	0,8207	0,002946	0,001315	0,002129	105,2	0,0067	2,2406	1,6194	lam.	0,0172
0,7328	-0,0034	0,7965	0,002978	0,001323	0,002141	108,6	0,0064	2,2503	1,6178	lam.	0,0176
0,7758	-0,0031	0,8273	0,004927	0,001624	0,002496	129,3	0,0018	3,0330	1,5366	lam.	0,0335
0,8160	-0,0017	0,7856	0,003288	0,001452	0,002348	120,3	0,0057	2,2635	1,6164	lam.	0,0187
0,8532	-0,0023	0,8168	0,004541	0,001896	0,002849	149,0	0,0013	2,3952	1,5026	turb.	0,0393
0,8869	-0,0034	0,8574	0,002902	0,001655	0,002683	135,4	0,0034	1,7529	1,6209	turb.	0,0241
0,9168	-0,0034	0,8302	0,002222	0,001466	0,002481	125,7	0,0051	1,5159	1,6922	turb.	0,0197
0,9426	-0,0041	0,8462	0,002697	0,001734	0,002908	143,7	0,0047	1,5553	1,6769	turb.	0,0207
0,9640	-0,0051	0,9166	0,002498	0,001684	0,002868	142,7	0,0053	1,4835	1,7035	turb.	0,0195
0,9810	-0,0050	0,9862	0,001824	0,001343	0,002359	123,8	0,0068	1,3581	1,7567	turb.	0,0171
0,9928	-0,0021	0,7932	0,001448	0,001110	0,001980	110,2	0,0078	1,3037	1,7829	turb.	0,0160
1,0000	0,0000	0,4384	0,009275	0,003393	0,004942	148,7	0,0000	2,7340	1,4568	turb.	0,0000

Tabelle 9: Auftrieb, Widerstand, Grenzschichtanalyse / SC100

Re 100000

α [°]	Ca [-]	Cw [-]	Cm 0.25 [-]	T.U. [-]	T.L. [-]	S.U. [-]	S.L. [-]	GZ [-]	N.P. [-]	D.P. [-]
-30,0	-0,732	0,59830	0,025	1,000	0,009	1,000	0,014	-1,224	0,046	0,285
-29,0	-0,754	0,56908	0,021	1,000	0,009	1,000	0,014	-1,325	0,028	0,278
-28,0	-0,772	0,51332	0,017	1,000	0,009	1,000	0,016	-1,503	-0,018	0,271
-27,0	-0,787	0,44303	0,012	1,000	0,011	1,000	0,016	-1,776	-0,115	0,265
-26,0	-0,797	0,40597	0,007	1,000	0,010	1,000	0,015	-1,963	-0,575	0,259
-25,0	-0,798	0,36791	0,003	1,000	0,011	1,000	0,017	-2,169	6,021	0,254
-24,0	-0,795	0,34034	-0,002	1,000	0,011	1,000	0,019	-2,337	1,304	0,248
-23,0	-0,789	0,32122	-0,007	1,000	0,011	1,000	0,017	-2,456	0,772	0,242
-22,0	-0,777	0,29457	-0,011	1,000	0,011	1,000	0,019	-2,637	0,580	0,235
-21,0	-0,760	0,24662	-0,016	1,000	0,013	1,000	0,019	-3,082	0,489	0,229
-20,0	-0,736	0,22398	-0,021	1,000	0,013	1,000	0,020	-3,288	0,433	0,221
-19,0	-0,707	0,20199	-0,026	1,000	0,013	1,000	0,023	-3,501	0,403	0,213
-18,0	-0,673	0,19442	-0,031	1,000	0,012	1,000	0,025	-3,461	0,382	0,204
-17,0	-0,633	0,16392	-0,036	1,000	0,014	1,000	0,026	-3,859	0,365	0,193
-16,0	-0,586	0,14744	-0,041	1,000	0,015	1,000	0,028	-3,976	0,351	0,180
-15,0	-0,534	0,14075	-0,046	0,816	0,014	1,000	0,032	-3,795	0,341	0,164
-14,0	-0,477	0,12780	-0,051	0,809	0,015	1,000	0,035	-3,729	0,336	0,143
-13,0	-0,414	0,11333	-0,056	0,801	0,017	1,000	0,037	-3,654	0,330	0,115
-12,0	-0,347	0,10393	-0,061	0,796	0,020	1,000	0,040	-3,340	0,326	0,074
-11,0	-0,277	0,09340	-0,067	0,792	0,023	1,000	0,040	-2,962	0,323	0,009
-10,0	-0,203	0,08317	-0,072	0,785	0,027	1,000	0,043	-2,435	0,321	-0,105
-9,0	-0,128	0,07473	-0,077	0,781	0,028	1,000	0,047	-1,712	0,320	-0,352
-8,0	-0,050	0,06686	-0,082	0,773	0,031	1,000	0,049	-0,750	0,202	-1,395
-7,0	-0,354	0,06062	-0,088	0,765	0,034	1,000	0,050	-5,836	0,186	0,002
-6,0	-0,219	0,05525	-0,093	0,759	0,040	1,000	0,051	-3,960	0,291	-0,177
-5,0	-0,087	0,04917	-0,099	0,753	0,045	1,000	0,050	-1,760	0,292	-0,892
-4,0	0,042	0,04469	-0,104	0,747	0,045	1,000	0,051	0,950	0,293	2,706
-3,0	0,168	0,03975	-0,110	0,741	0,047	1,000	0,055	4,225	0,294	0,904
2,0	0,290	0,03609	-0,115	0,724	0,047	1,000	0,055	8,027	0,296	0,648
-1,0	0,407	0,04242	-0,121	0,240	0,049	1,000	0,057	9,602	0,298	0,547
0,0	0,521	0,03350	-0,126	0,224	0,050	1,000	0,060	15,548	0,278	0,493
1,0	0,641	0,03375	-0,127	0,210	0,054	1,000	0,066	18,978	0,258	0,449
2,0	0,760	0,04497	-0,128	0,188	0,056	1,000	0,995	16,897	0,258	0,419
3,0	0,879	0,04491	-0,129	0,170	0,064	1,000	0,995	19,566	0,258	0,397
4,0	0,997	0,04432	-0,130	0,145	0,221	1,000	0,995	22,482	0,258	0,381
5,0	1,113	0,04434	-0,131	0,125	0,236	1,000	0,995	25,095	0,258	0,368
6,0	1,227	0,04115	-0,132	0,116	0,730	1,000	0,994	29,811	0,258	0,358
7,0	1,338	0,04288	-0,133	0,023	0,733	1,000	0,995	31,209	0,280	0,349
8,0	1,402	0,03985	-0,137	0,017	0,802	0,966	0,995	35,187	0,332	0,348
9,0	1,463	0,04312	-0,143	0,015	0,804	0,924	0,995	33,926	0,060	0,348
10,0	1,175	0,07207	-0,180	0,012	0,805	0,038	0,995	16,300	0,062	0,404
11,0	1,239	0,07859	-0,185	0,010	0,807	0,023	0,995	15,770	0,339	0,399
12,0	1,285	0,08785	-0,190	0,008	0,808	0,023	0,995	14,626	0,366	0,398
13,0	1,327	0,09922	-0,195	0,006	0,810	0,020	0,995	13,372	0,386	0,397
14,0	1,358	0,11178	-0,200	0,005	0,811	0,017	0,995	12,151	0,429	0,397
15,0	1,382	0,12743	-0,205	0,005	0,814	0,013	0,995	10,843	0,520	0,398
16,0	1,394	0,14262	-0,210	0,004	0,816	0,011	0,995	9,776	0,858	0,401
17,0	1,398	0,15918	-0,215	0,004	0,818	0,009	0,995	8,780	-1,849	0,404
18,0	1,390	0,17240	-0,220	0,005	0,986	0,009	0,987	8,061	-0,188	0,408
19,0	1,375	0,19657	-0,224	0,005	0,986	0,008	0,987	6,997	-0,015	0,413
20,0	1,354	0,22531	-0,229	0,003	0,986	0,007	0,987	6,008	0,062	0,419
21,0	1,325	0,25404	-0,234	0,003	0,986	0,006	0,987	5,216	0,102	0,426
22,0	1,290	0,26740	-0,239	0,004	0,986	0,006	0,987	4,824	0,124	0,435
23,0	1,251	0,30635	-0,243	0,003	0,986	0,006	0,987	4,084	0,137	0,444
24,0	1,209	0,34265	-0,248	0,003	0,986	0,006	0,987	3,528	0,146	0,455
25,0	1,164	0,37995	-0,252	0,003	0,987	0,006	0,988	3,063	0,151	0,467
26,0	1,118	0,41612	-0,257	0,003	0,985	0,005	0,987	2,686	0,155	0,480
27,0	1,070	0,45177	-0,261	0,004	0,987	0,006	0,988	2,369	0,157	0,494
28,0	1,023	0,50905	-0,266	0,003	0,985	0,006	0,986	2,011	0,158	0,509
29,0	0,977	0,56680	-0,270	0,003	0,986	0,005	0,988	1,724	0,158	0,526
30,0	0,932	0,58476	-0,274	0,003	0,985	0,005	0,986	1,593	0,158	0,544